开源GIS与空间数据库实战教程

陈永刚 编著

清华大学出版社
北京

内 容 简 介

本书以开源 GIS 软件和开源空间数据库 PostgreSQL 为主要内容，特别是以空间数据库 PostgreSQL 为中心，以 OGC 标准为主线，详细介绍 PostgreSQL、QGIS、GeoServer 等开源软件及其应用案例。全书分为 8 章，第 1 章对空间数据库的发展状况进行介绍和分析；第 2 章简单介绍开源 GIS 软件和空间数据库 PostgreSQL 的初步使用；第 3 章介绍空间数据库的 SQL Geometry 数据类型；第 4 章介绍矢量数据空间 SQL 查询与分析操作；第 5 章介绍栅格数据空间 SQL 查询与分析操作；第 6 章介绍利用 QGIS、ArcMap 对空间数据库进行管理以及利用 GeoServer 发布空间信息；第 7 章分别介绍利用 Java 和 C# 对空间数据库进行管理和操作；第 8 章以案例的方式介绍利用开源软件和开源空间数据库在"智慧林业"中的应用。

本书主要针对于教学科研和工程应用，特别对开源 GIS 和空间数据库的理论推广和工程项目应用具有重要的应用价值；本书主要适合于地理信息系统、林业、交通应用、测绘等与地学相关领域的从业人员。

图书在版编目（CIP）数据

开源 GIS 与空间数据库实战教程/陈永刚编著．--北京：清华大学出版社，2016（2024.8重印）
ISBN 978-7-302-42872-5

Ⅰ．①开… Ⅱ．①陈… Ⅲ．①地理信息系统－数据库系统－教材 Ⅳ．①P208

中国版本图书馆 CIP 数据核字(2016)第 022709 号

责任编辑：袁勤勇
封面设计：常雪影
责任校对：焦丽丽
责任印制：刘　菲

出版发行：清华大学出版社
　网　　址：https://www.tup.com.cn，https://www.wqxuetang.com
　地　　址：北京清华大学学研大厦 A 座　　**邮　　编**：100084
　社 总 机：010-83470000　　**邮　　购**：010-62786544
　投稿与读者服务：010-62776969，c-service@tup. tsinghua. edu. cn
　质量反馈：010-62772015，zhiliang@tup. tsinghua. edu. cn
　课件下载：https://www.tup.com.cn，010-62795954
印 装 者：三河市龙大印装有限公司
经　　销：全国新华书店
开　　本：185mm×260mm　　**印　　张**：11.25　　**字　　数**：257 千字
版　　次：2016 年 3 月第 1 版　　**印　　次**：2024 年 8 月第 9 次印刷
定　　价：35.00 元

产品编号：068193-02

前　言

回忆和总结都是有价值的，在过去十年，我在大学教授GIS专业的相关课程，挥汗编写代码追赶项目进度，坐飞机到全国各地去赶场传授ArcGIS的知识。这十年中，我经历了从学生到老师、从青涩到成熟、从懵懂到淡定的一系列重要阶段。我相信，无论我的一生中有多少个十年，这十年都是在我生命中举足轻重的十年。

自己过去十年走过的那些路，现在看来是如此的崎岖，又充满了缺憾。对人生如此，对产业技术也如此。不过抱怨和自责都是没有价值的，只有留下文字和书稿，去记录和留住那些过去吧。

作为一名在地理信息产业从业长达15年之久的老兵，耳边经常听到的是ArcGIS、SuperMap、Oracle、SQL Server等内容。不论是我的学生还是认识的朋友，对开源社区（像Linux、PostgreSQL、Apache等，尤其像Hadoop或者Linux Kernel这些知名度高的社区），多数人知道的少之又少；说起来很惭愧，很多人对地理信息产业的中坚力量OGC、OSGeo也没有真正地去深入了解过它，更别说为之贡献些什么了。

我觉得这一切都需要改变！

在写作这本书的过程当中，力求内容精练、方法实用，注重GIS和空间数据库的理论与实践密切结合，同时反映地理信息产业界的最新研究成果，适合专业学生、从业人员阅读，为地学从业人员提供理论依据和技术参考。

在书稿即将完成之际，感触颇深。本书虽然只是一个开始，但笔者相信可以为今后的研究奠定一个较好的基础。希望通过本书的出版，使更多的专家、同行和学者关注该领域，进一步推动中国基础地理信息的研究和应用。此外，在撰写过程中，马天午、陈孝银、陈振德、单立刚、孙燕飞等出力颇多，对此书的完成花费了很多心血，对他们的付出表示感谢。

本书的研究和出版得到了国家自然基金项目（41201408）、浙江省公益项目（2014C32119）和浙江省自然基金项目（LY16D010009）的资助。

最后，当今科技的发展突飞猛进，日新月异，本书虽尽可能力求全面，紧跟时代步伐，但深知该领域应用广泛，笔者才疏学浅，难免有遗漏及不足之处，恳请读者见谅并不吝指正。

陈永刚

2015年11月

目　录

第 1 章　初识空间数据库

1.1　回顾数据库的相关基础知识

1.1.1　数据库的基本概念

1. 什么是数据库

数据库是由一批数据构成有序的集合，这些数据被存放在结构化的数据表中。数据表之间相互关联，反映了客观事物之间的本质联系。数据库系统提供数据安全控制和完整性控制。

数据库发展阶段大致划分为如下几个阶段：人工管理阶段、文件系统阶段、数据库系统阶段、高级数据库阶段。其种类大概有 3 种：层次式数据库、网络式数据库和关系数据库。

对于数据库的明确定义并未形成，随着数据库历史的发展，定义的内容也有很大的不同，其中一种比较普遍的观点认为：数据库(Database)是一个存储在计算机内的、有组织的、有共享的、统一管理的数据集合。

2. 表

在关系数据库中，数据库表是一系列二维数组的集合，用来存储数据和操作数据的逻辑结构。它由纵向的列和横向的行组成，行被称为记录，是组织数据的单位；列被称为字段，每一列表示记录的一个属性，具有相应的描述信息，如数据类型、数据宽度等。

3. 数据类型

数据类型决定了数据在计算机中的存储格式，代表不同的信息类型。常用的数据类型有整型、浮点型、双精度型、二进制型、日期时间型以及字符串型。表中的每一个字段都有某种指定的数据类型。

1.1.2　结构化查询语言

结构化查询语言(Structured Query Language，SQL)，SQL 语言的主要功能就是与各种数据库建立联系，进行沟通。SQL 语句可以用来执行各种各样的操作，例如更新数据库中的数据，从数据库中提取数据等。目前，绝大多数流行的关系型数据库管理系统，如 Oracle、Sybase、Microsoft SQL Server、Access 等都采用了 SQL 语言。虽然很多数据库都对 SQL 语句进行了再开发和扩展，但是包括 Select、Insert、Update、Delete、Create 以及 Drop 在内的标准的 SQL 命令仍然可以被用来完成几乎所有的数据库操作。

SQL 语言包含 4 个部分。

- 数据定义语言(DDL)：DROP、CREATE、ALTER 等语句。
- 数据操作语言(DML)：INSERT、UPDATE、DELETE 语句。
- 数据查询语言(DQL)：SELECT 语句。
- 数据控制语言(DCL)：GRANT、REVOKE、COMMIT、ROLLBACK 语句。

下面是一条 SQL 语句，该语句声明创建一个 students 表：

```
CREATE TABLE students
(
    student_id INTEGER,
    name VARCHAR(30),
    sex CHAR(1),
    birth DATE
    PRIMARY KEY (student_id)
);
```

该语句创建一张表，该表包含 4 个字段，分别为 student_id、name、sex、birth。其中 student_id 被定义为表的主键。

现在只是定义了一张表，表中没有任何数据。接下来这条 SQL 声明语句将在 students 表中插入一条数据记录：

```
INSERT INTO students (student_id,name,sex,birth)
VALUES (41048101,'Leo Keith','1','1990-07-25');
```

执行完该 SQL 语句之后，students 表中就会增加一行新记录，该记录中字段 student_id 的值为 41048101，name 字段的值为 Leo Keith，sex 字段值为 1，birth 字段值为 1990-07-25。

再使用 SELECT 查询语句获取刚才插入的数据，语句如下：

```
SELECT name FROM students WHERE student_id=41048101;
```

上面简单列举了常用的数据库操作语句，目的是帮助读者回顾数据库的基础知识，以便更进一步学习数据库的其他技术。

1.1.3 数据库访问技术

不同的程序设计语言会有各自不同的数据库访问技术，程序语言通过这些技术，执行 SQL 语句，进行数据库管理。主要的数据库访问技术如下。

1. ODBC

ODBC(Open Database Connectivity，开放数据库互连)技术为访问不同的 SQL 数据

库提供了一个共同的接口。ODBC 使用 SQL 作为访问数据的标准。这个接口提供了最大限度的互操作性：一个应用程序可以通过一组共同的代码访问不同的 SQL 数据库管理系统(DBMS)。

一个基于 ODBC 的应用程序对数据库的操作不依赖于任何 DBMS，不直接和 DBMS 打交道，所有的数据库操作由对应的 DBMS 的 ODBC 驱动程序完成。也就是说，不论是 Access、PostgreSQL 还是 Oracle 数据库，均可使用 ODBC API 进行访问。由此可见，ODBC 的最大优点是能以统一的方式处理所有的数据库。

2. JDBC

JDBC(Java Data Base Connectivity，Java 数据库连接)是 Java 应用程序连接数据库的标准方法，是一种用于执行 SQL 语句的 Java API，可以对多种关系数据库提供统一访问，它由一组使用 Java 语言编写的类和接口组成。

3. ADO.NET

ADO.NET 是微软在.NET 框架下开发设计的一组用于和数据源进行交互的面向对象类库。它提供了关系数据、XML 和应用程序数据的访问，允许和不同类型的数据源以及数据库进行交互。

1.1.4 数据库的标准

在 1.1.2 和 1.1.3 节中介绍了 SQL 的基本使用，我们可以体会到 SQL 的简洁与强大，但是 SQL 的这些优秀特性并不是一蹴而就的，它的发展和数据库发展有着密切的联系，SQL 之所以强大和为之制定的 SQL 标准有直接的关系。

随着数据库技术的发展和信息化水平的提高，出现了很多数据库厂商和产品，为了在各个数据库厂商之间取得更大的统一性，美国国家标准学会(American National Standards Institute，ANSI)于 1986 年发布了第一个 SQL 标准，并于 1989 年发布了第二个版本，该版本已经被广泛地采用。ANSI 在 1992 年更新了 SQL 标准的版本，即 SQL92 和 SQL2，并于 1999 年再次更新为 SQL99 和 SQL3 标准。在每一次更新中，ANSI 都在 SQL 中添加了新特性，并在语言中集成了新的命令和功能。

对于各种数据库产品，ANSI 标准规范化了很多 SQL 行为和语法结构。随着开源数据库产品(例如 MySQL 和 PostgreSQL)日渐流行并由虚拟团队而不是大型公司开发，这些标准变得更加重要。这些开源数据库作为数据库产品占有重要的地位，后面将详细介绍。

现在，SQL 标准由 ANSI 和国际标准化组织(International Standards Organization，ISO)作为 ISO/IEC 9075 标准维护。最新发布的 SQL 标准是 SQL 2008，下一版本的发布工作已经在进行之中，它将包含 RDBMS 在收集或分发数据方式上的新发展。

1.2 认识空间数据库

1.2.1 空间数据库

1. 数据库与空间数据库

历经五十多年的发展，数据库技术依然成为对海量数据管理的一种重要手段。那么，空间数据库作为数据库的一个分支，利用空间数据库来存储和管理非结构化的空间数据。随着对地观测技术的迅速发展和社会需求的不断增大，基于空间数据的应用领域（如电子地图、导航服务等）也在不断扩大，空间数据的管理将成为今后信息管理的重要组成部分。此外，空间数据库在整个地理信息系统中占有极其重要的地位，主要体现在：用户在决策中通过访问空间数据库获得空间数据，在决策过程完成后再将决策结果存储到空间数据库中。

空间数据库与一般数据库相比，具有数据量大、数据应用广泛和属性数据与空间数据并存的特点，尤以第三点最为突出。空间数据库不仅有地理要素的属性数据（与一般数据库中的数据性质相似），还有大量的空间数据，它们描述地理要素的空间分布位置，并且这两种数据有着不可分割的关系。

2. 空间数据库的发展历程

空间数据管理技术经历了多年的发展和演变，大体经历了文件系统、文件关系混合系统、对象关系型空间数据库管理系统三个阶段。伴随着每一次空间数据库管理方式的变革，GIS 软件的体系结构也在发生着革命性的变化。图 1-1 是空间数据库体系架构的演变图。

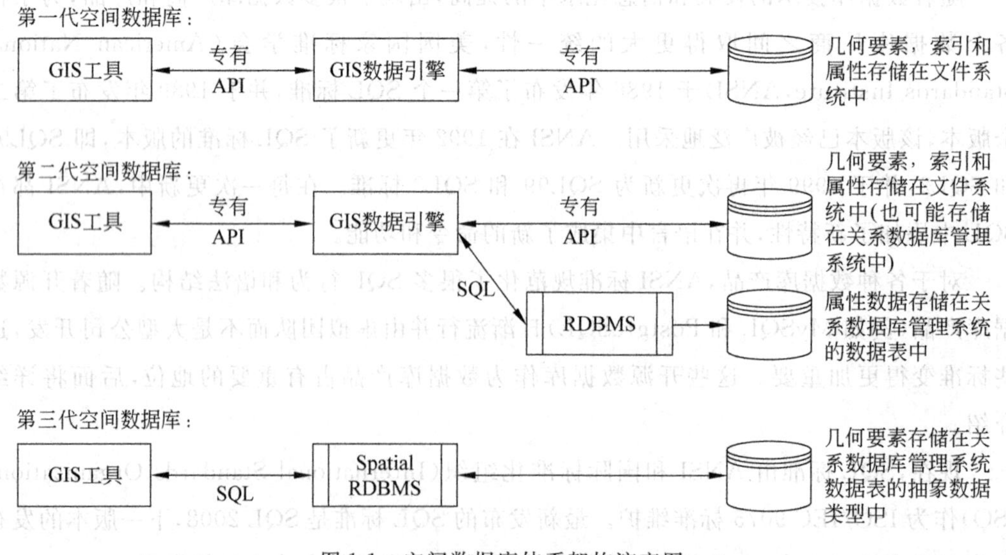

图 1-1 空间数据库体系架构演变图

对于传统的第一代空间数据管理系统，空间数据主要采用文件管理系统，即将空间数据存储在自行定义的不同格式文件中。在这种管理方式下，文件管理系统仍然是操作系统的一部分，所有的空间数据要用特殊的地理信息系统软件进行解释和处理。

随着关系型数据管理技术的发展与成熟，第二代空间数据管理系统将数据存储在关系数据库中，通常将空间数据存放在独立文件中，通过 ID 字段实现空间数据和属性数据的关联，但是仍然缺乏灵活地整合属性数据和空间数据的方法。

真正的空间数据库起始于空间要素地位的变化，人们开始尝试把空间要素看作是数据库最重要的对象，空间数据库中的空间数据与对象关系数据库进行全面整合。这也完成了以 GIS 为核心的技术转变为以数据库为核心的导向性转变，就此第三代空间数据库诞生。

1.2.2 空间数据库标准简介

1. 空间数据库标准的存在意义

和数据库的标准一样，随着 GIS 和数据厂商逐步推出自己的空间数据库产品，为了避免出现大量的空间数据库分散在不同的商业组织、政府部门和企业中，从而导致这些空间数据库处于封闭的状态，为了增强空间数据在管理上的统一性以适应空间数据管理的需要，许多标准化组织开发并完善空间数据存储和 SQL 语言的规范。比较典型的两个代表分别是：开放地理空间信息协会(Open Geospatial Consortium，OGC)推出的地理信息简单要素的 SQL 实现规范(Simple Feature Access SQL，SFA SQL)；国际标准化组织/国际电工委员会第一联合技术委员会(ISO/IEC JTC1 SC32)发布的 SQL 多媒体及应用包的第三部分(SQL Multimedia Part3：Spatial，SQL/MM)。一方面，空间数据库标准可以提高空间信息的共享。另一方面，由于标准包含了一些空间数据库相关的明确概念和框架，可作为空间数据库实现的参考。

2. OGC 地理信息实现标准——简单要素访问

1994 年开放式地理信息系统联合会(Open Geospatial Consortium)成立，它自称是一个非盈利的、国际化的、自愿协商的标准化组织，它的主要目的就是制定空间信息和基于位置服务的相关标准。其标志如图 1-2 所示，这些标准都是 OGC 的“产品”，而这些标准的用处就在于使不同产品、不同厂商之间可以通过统一的接口进行数据互操作。

图 1-2 开放式地理信息系统联合会标志

在地理信息领域，OGC 已经是一个类似于“官方”的标准化机构，它不但吸纳了 ESRI、Google、Oracle 等业界主要企业作为其成员，同时还和 W3C、ISO、IEEE 等协会组织结成合作伙伴关系。因此，OGC 的标准虽然并没有强制性，但是因为其背景和历史的原因，它所制定的标准天然地具有一定的权威性。OGC 推出的 SFA 定义了函数的访问接口，依据地理几何对象模型，提供在不同平台下(OLE/COM，SQL，CORBA)对简单要素(点、线、面)的发布、存储、读取和操作的接口规范说明。目前,已被 ISO TC211 吸纳成为 ISO 19125 标准。SFA 的通用体系架构规范,基于分布式环境描述了通用的简单要素地理几何对象模型,以及地理几何对象的不同表达方式和空间参考系统的表达方式。

这个规范不是针对某个特定平台定义的,具有平台独立性。SFA SQL 定义了基于 SQL 平台实现几何对象模型及访问接口函数。目前,它有 3 个版本,分别是 1999 年推出的 SFA SQL1.1 版(Simple Feature Specification for SQL Version 1.1),2005 年修订为 SFA SQL1.1.0 版和最新的 SFA SQL1.2.0 版。

3. ISO/IEO SQL/MM 空间数据标准

SQL99 具有支持触发器、集合和抽象数据类型等新特征,其中抽象数据类型提供对象扩展的能力,如继承、多态、封装等。随着 SQL99 对抽象数据类型定义的支持,以及用户对新的数据类型(如全文、空间、图像等)的巨大需求,ISO/IEC 开始考虑把这些数据类型作为标准数据类型,并进行相关的定义,因此,开发了 SQL 多媒体和应用程序包(SQL/MM)标准。

SQL/MM 根据应用领域的不同,分为多个部分:第一部分架构(Framework)提出了在各章中出现的公共概念,并简要地说明了其他各个部分中的定义方法;第二部分全文(Full Text)定义了众多结构化用户自定义类型,以支持文本数据的存储(一般在对象关系数据中库);第三部分空间(Spatial)定义了空间矢量数据存储与检索的有关标准;第四部分通用工具(General Purpose Facilities)指定一些在不同领域类可以通用的抽象数据类型和操作,该部分已经被撤销;第五部分静态图像(Still Image)定义了静态图像数据存储与检索的相关标准;第六部分数据挖掘(Data Mining)定义了有关数据挖掘的标准;第七部分历史(History)扩展 SQL 支持历史数据,这样有利于更新。第三部分 Spatial 定义空间基本数据类型和空间操作,主要是为了解决如何使用存储和处理这些数据类型的空间数据(注:本书主要介绍 SQL/MM 的第三部分,如果没有特别指出,文中的 SQL/MM 均指代 SQL/MM Part3: Spatial)。

1.2.3 空间数据模型

空间数据模型是对现实世界的地理现象、实体以及它们之间相互关系的认识和理解,用一定的方案建立起数据组织方式实现计算机对现实世界的抽象与表达。空间数据模型的三要素是:空间数据结构、空间数据操作和空间完整性约束。其中,空间数据类型与空间操作是空间数据模型的主要组成部分,空间数据模型的设计、空间数据库系统的性能与查询语言的效率都与它们密切相关。为了规范空间数据模型及其空间操作,OGC 和 ISO/IEC 国际标准化组织制定了空间数据类型标准以及每一种空间数据类型拥有的空间操作子标准。

目前,SFA SQL 和 SQL/MM 这两个标准公共部分的接口已经相互兼容,但是在这两个标准上无论是从内容覆盖面,还是从某些概念的界定上都有一定的差别。这些差别都会在空间数据模型这一节中得到体现,图 1-3 和图 1-4 分别是 SFA SQL 对象模型图和 SQL/MM 对象类型图,这两幅重要的图主要说明了在 OGC 和 ISO/IEC 下几何对象模型之间的层次关系。后面会介绍两套标准的差别,同时将提供两份表格来具体说明这两套标准中空间数据模型表达上的具体差别,主要从两套标准几何对象和空间操作两个方面进行比较,详见附录 A 和附录 B。

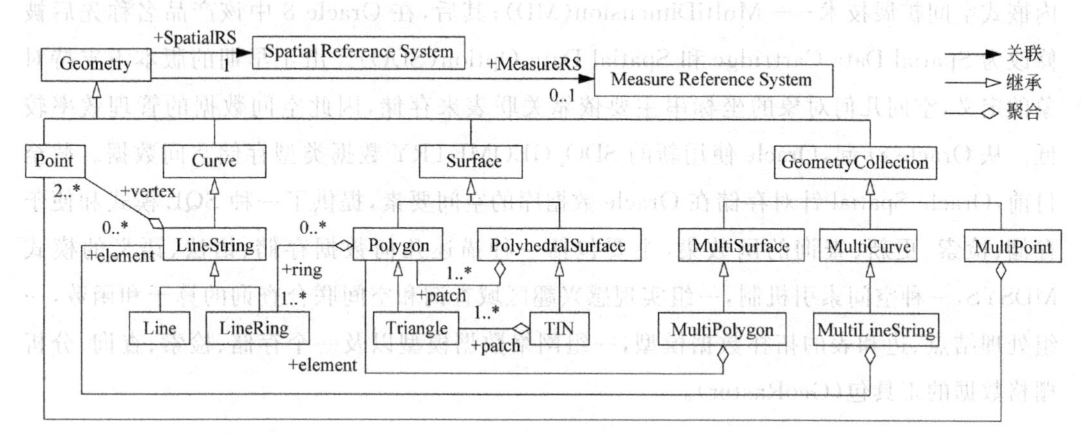

图 1-3 SFA SQL 对象模型图

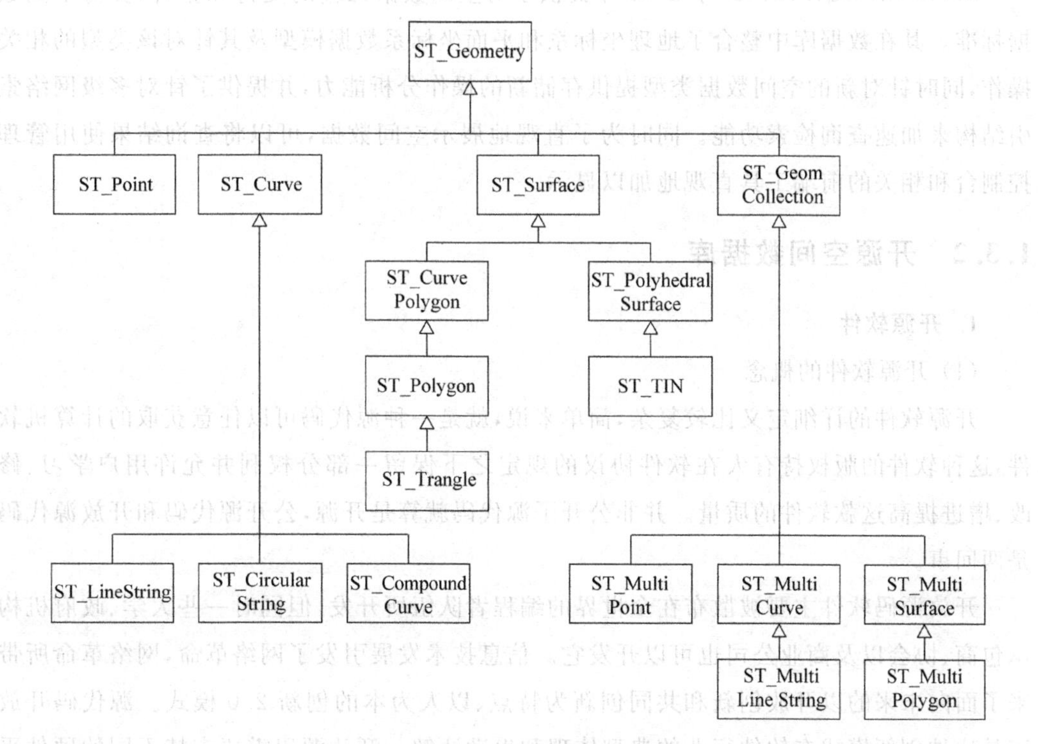

图 1-4 SQL/MM 对象类型图

1.3 空间数据库产品

1.3.1 常见的商业空间数据库

1. Oracle Spatial

Oracle 是最早实现空间数据管理的数据库管理系统。Oracle 早在 7.2 版本就引入了内嵌式空间扩展技术——MultiDimension(MD);其后,在 Oracle 8 中该产品名称先后被修改为 Spatial Data Cartridge 和 Spatial Data Option(SDO)。由于早期的版本不支持对象的定义,空间几何对象的坐标串主要依靠关联表来存储,因此空间数据的管理效率较低。从 Oracle 8*i* 起,Oracle 使用新的 SDO_GEOMETRY 数据类型存储空间数据。截至目前,Oracle Spatial 针对存储在 Oracle 数据库的空间要素,提供了一种 SQL 模式和便于存储、检索、更新、查询的函数集,主要包括一种描述几何数据存储、语法、语义的模式 MDSYS,一种空间索引机制,一组实现感兴趣区域查询和空间联合查询的算子和函数,一组处理结点、边和表的拓扑数据模型,一组网络数据模型以及一个存储、检索、查询、分析栅格数据的工具包(GeoRaster)。

2. SQL Server Spatial 2008

Microsoft SQL Server 于 2008 年提供了对空间数据无缝的支持和整合,支持空间数据标准。其在数据库中整合了地理坐标系和平面坐标系数据模型及其针对该类型的相关操作,同时针对新的空间数据类型提供存储新的操作分析能力,并提供了针对多级网络索引结构来加速查询检索功能。同时为了直观地展示空间数据,可以将查询结果使用管理控制台和相关的前端工具直观地加以显示。

1.3.2 开源空间数据库

1. 开源软件

(1) 开源软件的概念

开源软件的详细定义比较复杂,简单来说,就是一种源代码可以任意获取的计算机软件,这种软件的版权持有人在软件协议的规定之下保留一部分权利并允许用户学习、修改、增进提高这款软件的质量。并非公开了源代码就算是开源,公开源代码和开放源代码是两回事。

开放源码软件主要被散布在全世界的编程者队伍所开发,但同时一些大学、政府机构承包商、协会以及商业公司也可以开发它。信息技术发展引发了网络革命,网络革命所带来了面向未来的以开放创新和共同创新为特点、以人为本的创新 2.0 模式。源代码开放正是这种创新模式在软件行业的典型体现和生动注解。开放源码需要支持不同的硬件平台,它通过源码分发和编译解决交叉平台的可移植问题。在DOS、Windows平台上仅仅有很少的用户有可用的编译器,开放源码软件更加不普遍。对开放源码开发模式的更详细的讨论可以补充阅读Eric Raymond著的*The Cathedral and the Bazaar*,该书的中文译名是《大教堂与市集》。

(2) 开源GIS软件

GIS社会化和大众化需要实现地理数据共享和互操作,尽可能降低地理数据采集处理成本和软件开发应用成本。目前的地理信息系统大多是基于具体的、相互独立的和封闭的平台开发的,它们采用不同的开发方式和数据格式,对地理数据的组织也有很大的差异,垄断和高额的费用在一定程度上限制了GIS的普及和推广。

20世纪90年代,开源思想广泛渗透到GIS领域,国内外许多科研院所相继开发出开源GIS,2006年初,国际地理空间开源基金会(OpenSouce Geospatial Foundation,OSGeo)成立,基金会的项目已从最初的8个,发展为满足B/S架构的前端地理信息渲染平台、各种地理空间中间件、涵盖企业级地理空间计算平台等数十个门类的开源地理空间项目。开源GIS优势不仅仅是免费,而在于其Free和Open的真正含义,Free代表自由与免费,Open代表开放与扩展。与商业GIS产品不同,由于开源GIS软件的Free和Open,用户可以根据需要增加功能。当所有人都这样做的时候,开源产品的性能与功能也就超过了很多商业产品,因而也造就了开源的优势和活力。

此外,和一般的商业GIS平台相比,开源GIS产品大多都具有跨平台的能力,可以运行于Linux、Windows等系统,开源GIS软件得到学术界和GIS平台厂商越来越多的重视,成为GIS研究和应用创新的一个重要领域。

如图1-5所示,是开源GIS软件截至2012年的汇总热力图,从图中可以看出开源GIS贴心地渗透到了行业内的方方面面,桌面GIS程序和地图服务器是开源GIS软件最为重要的两大类产品,用户数量和影响力也最大。空间数据库管理系统一类的开源产品也在开源GIS领域占有重要一席。下面我们简单介绍一下开源世界的重要保障——版权许可制度,开源软件版权的管理与商业软件有巨大的不同。

2. 开源GIS的版权许可制度

虽然开源软件有好的自由度,但是开源软件并非完全没有限制。最基本的限制,就是开源软件强制任何使用和修改该软件的人承认发起人的著作权和所有参与人的贡献。任何人拥有可以自由复制、修改、使用这些源代码的权利,不得设置针对任何人或团体领域的限制,不得限制开源软件的商业使用等。而许可证就是这样一个保证这些限制的法律文件。基于开源软件定义中的"散布授权条款(Distribution of License):若软件再散布,必须以同一条款散布之"这一条,开源软件必须附加一个法律文件,并且在任何修改后的开源或发行版本中附带同一条款。

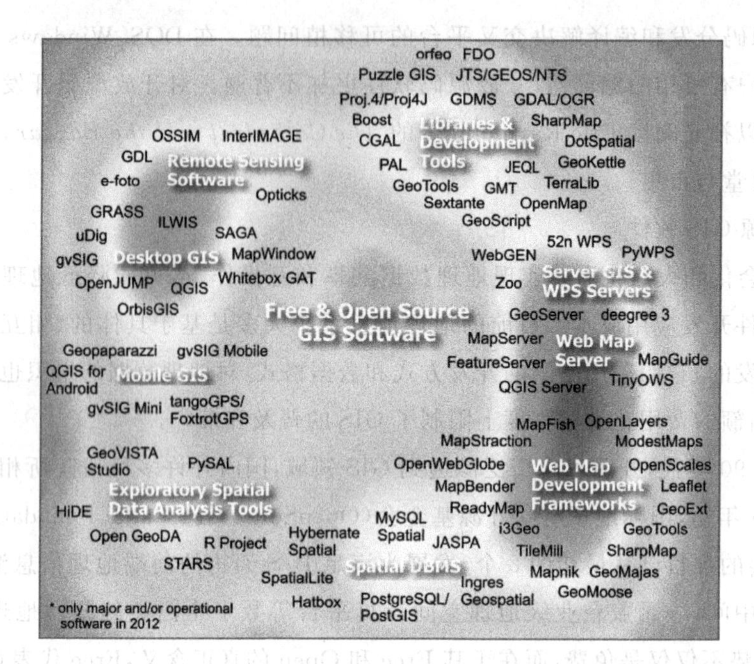

图 1-5 开源 GIS 软件热力图(Stefan Steiniger,2013)

对于开源 GIS 软件的版权许可制度,仍旧采用开源软件许可制度。经 Open Source Initiative 组织批准的开源协议目前有 58 种,其中最著名的许可制度有 BSD(Berkley Software Distribution license family)、GPL(GNU General Public License) 、LGPL(GNU Lesser General Public License)和 MIT(Massachusetts Institute of Technology)四种。

(1) BSD 是一个给予使用者很大自由的代码共享协议,不过需要使用者尊重代码作者的著作权。BSD 允许使用者修改和重新发布代码,也允许使用者在 BSD 代码上进行商业软件的开发、发布和销售。

(2) GPL 协议和 BSD 许可不一样。GPL 不允许修改后和衍生的代码作为闭源商业软件发布和销售。GPL 协议的主要内容是只要在一个软件中使用(“使用”指类库引用,修改后的代码或者衍生代码)GPL 协议的产品,则该软件产品必须也采用 GPL 协议,即必须也是开源和免费的,这就是所谓的“传染性”。由于 GPL 严格要求使用了 GPL 类库的软件产品必须使用 GPL 协议,因此对于使用 GPL 协议的开源代码,商业软件或者对代码有保密要求的部门就不适合集成/采用作为类库和二次开发的基础。

(3) LGPL 是 GPL 的一个主要为类库使用设计的开源协议。和 GPL 要求任何使用/修改/衍生之 GPL 类库的软件必须采用 GPL 协议不同,LGPL 允许商业软件通过类库引用(link)方式使用 LGPL 类库而不需要开源商业软件代码,这使得采用 LGPL 协议的开源代码可以被商业软件作为类库引用并发布和销售。

(4) MIT 是和 BSD 一样宽泛的许可协议,作者只保留版权而无任何其他限制。即必须基于开源的发行版里包含原许可协议的声明,无论你是以二进制发布的还是以源代码发布的。

GPL 与 Linux 类似，由于能够保护开源机构的利益，比较适合开源 GIS 软件的市场推广和研发支持，因此被许多开源 GIS 平台采用，如 GRASS、QGIS、uDig。但也有一些非政府机构支持的基于 MIT、LGPL 的开源项目，如 SAGA、MapWindow。

3. 常见的开源空间数据库

(1) MySQL Spatial

MySQL Spatial 是 MySQL 数据库为支持空间数据的存储和查询而加入的一种扩展功能。MySQL 遵从 OGC 的规范，实施了一系列的空间扩展，MySQL Spatial 的功能还不够完全。目前，它只支持 OpenGIS(一个标准)的一个子集，包含有限的几种空间数据类型，MySQL 具有与 OpenGIS 类对应的数据类型。目前已定义的数据类型有：GEOMETRY(几何类型)、POINT(点)、LINESTRING(线)、POLYGON(面)。GEOMETRY 能够保存任何类型的几何值，而其他的单值类型 POINT、LINESTRING 以及 POLYGON 只能保存特定几何类型的值。

(2) SpatiaLite

SpatiaLite 空间数据库是一个简单、实用的轻量级数据库，只有几百 KB，是在 SQLite 空间数据库基础上的扩展。它遵守 OGC 标准，支持 SQL 语言对几何类型字段的操作。同时它也集成了其他开源类库：

① GEOS 库，用于进行空间分析；

② PROJ. 4 库，用于实现不同坐标参考系统间坐标的转换；

③ LIBICONV 库，用于支持多种语言；

④ SQLite 库，用于实现 SQL 数据引擎。

SpatiaLite+SQLite 数据库操作简单，易于管理 GIS 环境下中小型的 GIS 数据，且数据库文件可移植性好，支持跨平台操作。此外，Spatialite 还支持 R-tree 的数据检索，以及存储器存储，这极大地加快了用户访问数据库的速度。

1.3.3 PostGIS 简介

1. 什么是 PostgreSQL

PostgreSQL 是一个包含关系模型和支持 SQL 标准查询语言的数据库管理系统，支持丰富的数据类型(如 JSON 和 JSONB 类型，数组类型)和自定义类型。而且它提供了丰富的接口，可以很容易地扩展它的功能，下面将会重点介绍 PostgreSQL(如图 1-6 所示)的一个重要扩展 PostGIS。

PostgreSQL 数据库的优势如下：

• PostgreSQL 数据库是目前功能最强大的开源数据库，它是最接近工业标准

SQL92 的查询语言，并且正在实现的新功能已兼容最新的 SQL 标准：SQL2008。

- PostgreSQL 数据库是开源的、免费的，而且是 BSD 协议，在使用和二次开发上基本没有限制。
- PostgreSQL 数据库支持大量的主流开发语言，包括 C、C++、Perl、Python、Java 以及 PHP 等。

图 1-6　PostgreSQL 开源数据库的 Logo

2. 什么是 PostGIS

前面我们已经简单介绍了 PostgreSQL，PostgreSQL 数据库加上空间特性就变成了 PostGIS 扩展。PostGIS 的标志就是一只可爱的大象拖着一个地球，如图 1-7 所示。

图 1-7　PostGIS 开源数据库的 Logo

在地理数据处理方面，让 PostgreSQL 更加强大的一面是其空间数据扩展 PostGIS 的支持。由于有 PostGIS 的支持，可以将 PostgreSQL 优良的特性和强大的功能充分地发挥在海量空间数据的存储与管理上，为空间数据库的实现提供又一优良的解决方案，并且其开源和免费的特性更是能够满足许多低成本应用的需求。

PostGIS 是对象关系型数据库系统 PostgreSQL 的一个空间扩展组件，为 PostgreSQL 提供如下空间信息服务功能：空间数据对象、空间索引、空间操作函数和空间操作符。PostGIS 同样也是一款开源软件，源自著名的空间信息研究协会 Refractions，是目前最强大的开源空间数据引擎。它发展非常迅速，在国外有许多成功的应用案例。

PostGIS 具有如下主要特征：

- 支持 OGC 的空间数据标准，如简单要素规范的空间数据模型，WKT（Well-Known Text）、WKB（Well-Known Binary）以及空间数据表的 SQL 查询规范。
- 通过空间数据操作符与空间操作函数提供强大的几何要素编辑功能与空间分析功能。

- 基于成熟的开源项目，PROJ4 提供地图投影坐标系的支持，GEOS 提供空间地理要素类型的支持。
- 支持多种开发语言。

同样，PostGIS 应用广泛，本书后面的大部分章节都会以 PostGIS 为实验环境讲解空间数据库的操作，在本章的最后，我们来看看有哪些应用程序支持 PostGIS，如表 1-1 所示。

表 1-1 目前支持 PostGIS 的应用程序列举

开 源 软 件	商 业 软 件
工具扩展	工具扩展
• Shp2Pgsql	• Safe FME Desktop Translator/Converter
• ogr2ogr	网络服务
• Dxf2PostGIS	• Ionic Red Spider(now ERDAS)
网络服务	• Cadcorp GeognoSIS
• MapServer	• Iwan Mapserver
• GeoServer	• MapDotNet Server
• SharpMap SDK	• MapGuide Enterprise(using FDO)
• MapGuide Open Source(using FDO)	• ESRI ArcGIS Server 9.3+
桌面应用程序	桌面应用程序
• uDig	• Cadcorp SIS
• QGIS	• Microimages TNTmips GIS
• mezoGIS	• ESRI ArcGIS 9.3+
• OpenJUMP	• Manifold
• OpenEV	• GeoConcept
• SharpMap	• MapInfo(v10)
• ZigGIS for ArcGIS/ArcObjects.NET	• AutoCAD Map 3D(using FDO)
• GvSIG	
• GRASS	

第 2 章　开源 GIS 软件和空间数据库使用初步

2.1　PostgreSQL 的安装与 PostGIS 空间引擎配置

2.1.1　PostgreSQL 的安装

（1）双击打开 PostgreSQL 安装程序，进入 PostgreSQL 安装对话框，单击 Next 按钮进入下一步，如图 2-1 所示。

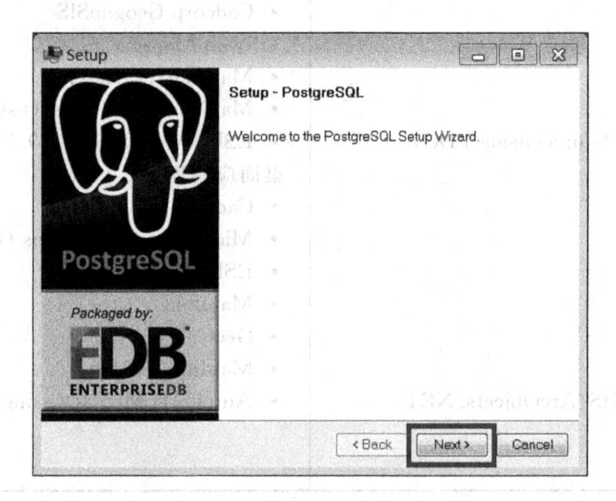

图 2-1　PostgreSQL 安装对话框

（2）选择 PostgreSQL 安装的文件夹，单击 Next 按钮，如图 2-2 所示。

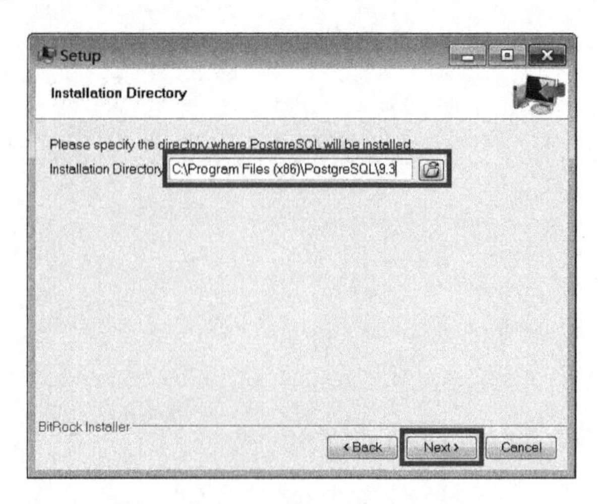

图 2-2　选择安装目录

(3) 选择 PostgreSQL 的数据存储路径,单击 Next 按钮,如图 2-3 所示。

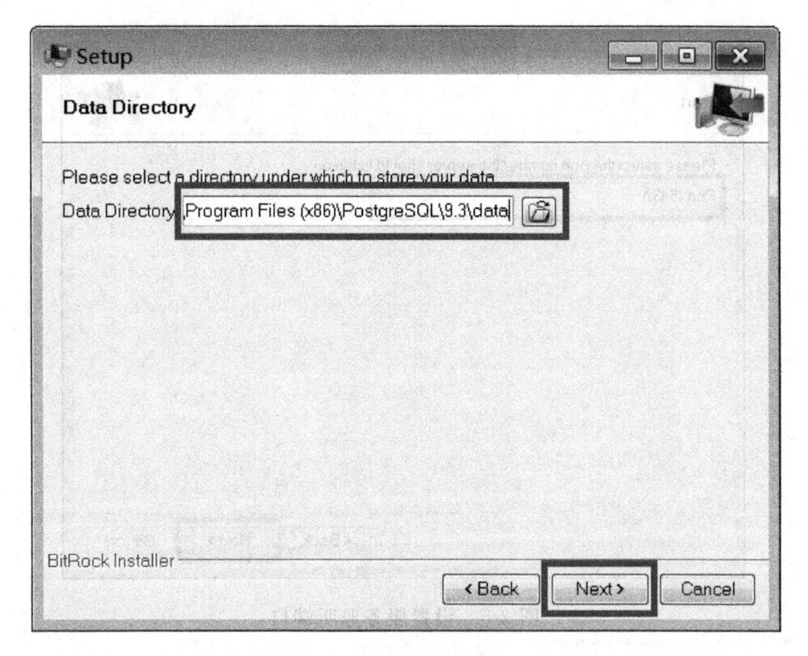

图 2-3 选择数据存储目录

(4) 安装超级用户名为 postgres,需要在 Password 和 Retype password 栏内输入密码,单击 Next 按钮,如图 2-4 所示。

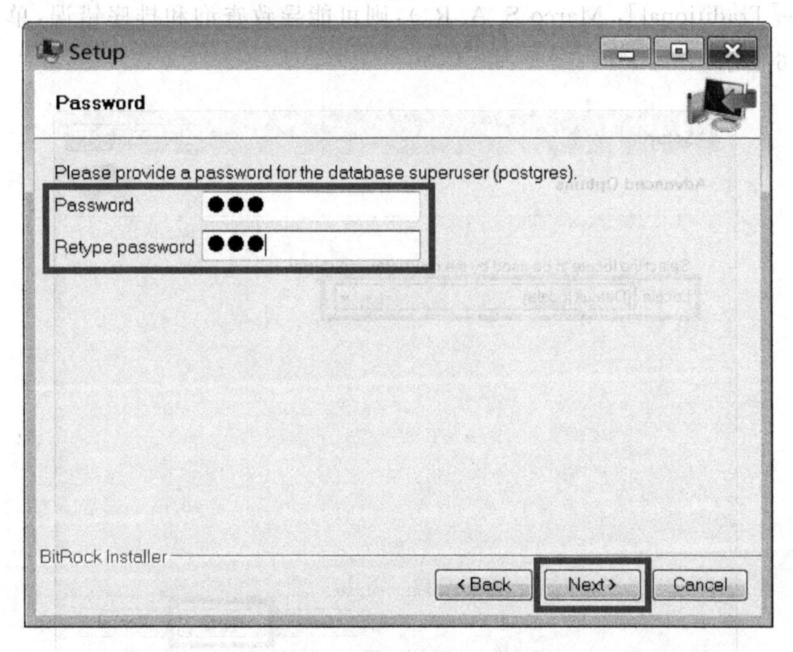

图 2-4 设置超级用户密码

（5）设置服务监听端口，默认为 5432，单击 Next 按钮，如图 2-5 所示。

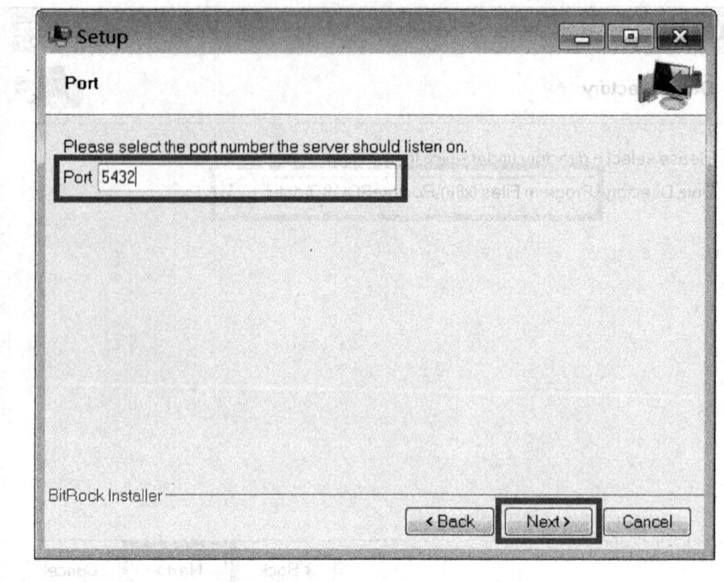

图 2-5　设置服务监听端口

（6）选择运行时语言环境，建议选择 Default locale，如果选择其他四个中文字符集：中文繁体香港（Chinese[Traditional]，Hong Kong S. A. R.）、中文简体新加坡（Chinese[Simplified]，Singapore）、中文繁体台湾（Chinese[Traditional]，Taiwan）和中文繁体澳门（Chinese[Traditional]，Marco S. A. R.），则可能导致查询和排序错误，单击 Next 按钮，如图 2-6 所示。

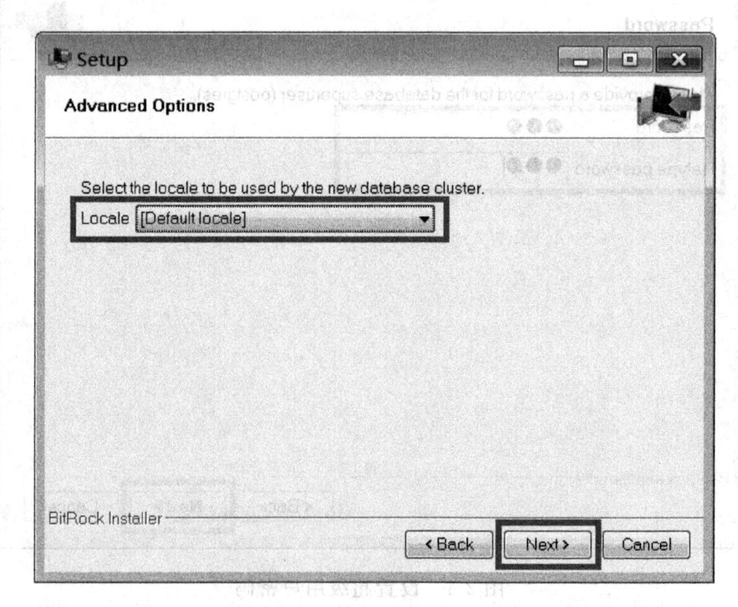

图 2-6　设置运行时语言环境

(7) 安装配置完成。如果配置无误,则单击 Next 按钮进行安装,如图 2-7 所示。

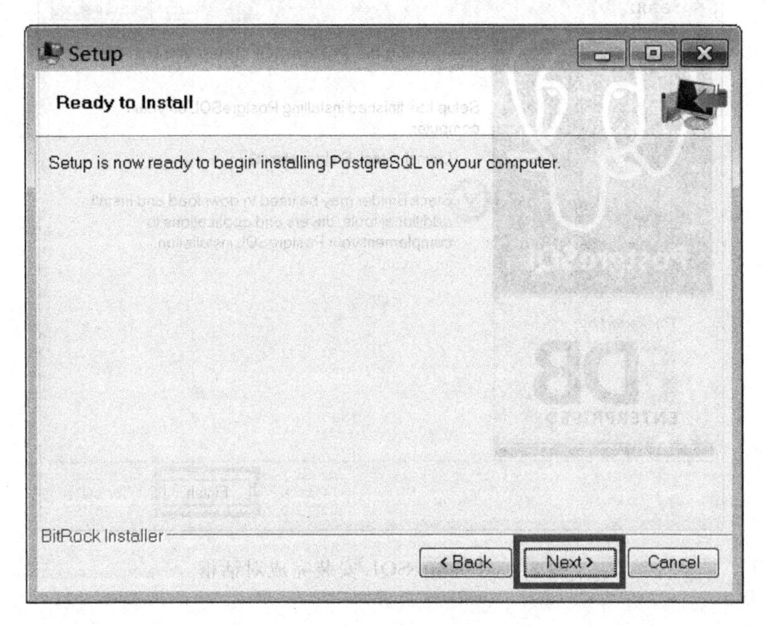

图 2-7 安装提示对话框

(8) 安装过程对话框如图 2-8 所示。

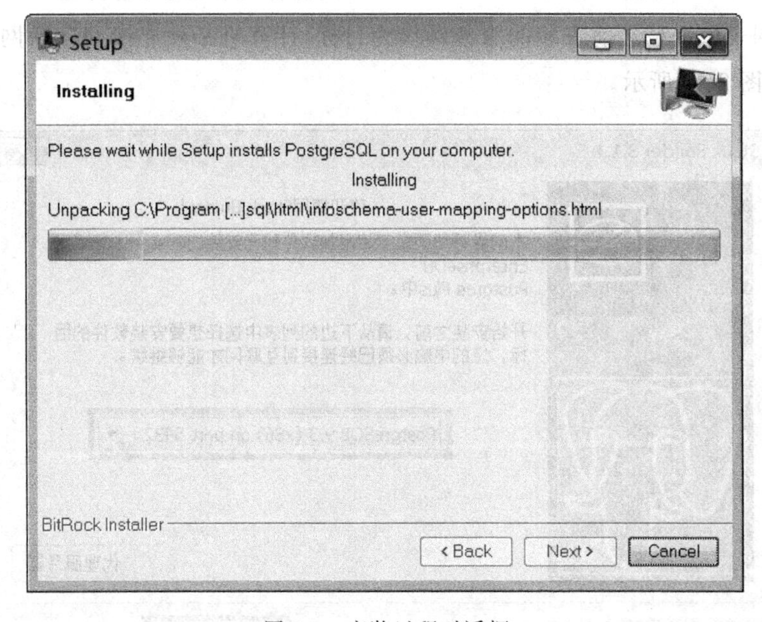

图 2-8 安装过程对话框

(9) 安装完成,此时要勾选 Stack Builder,以便安装 PostGIS 插件,单击 Finish 按钮完成 PostgreSQL 的安装,如图 2-9 所示。

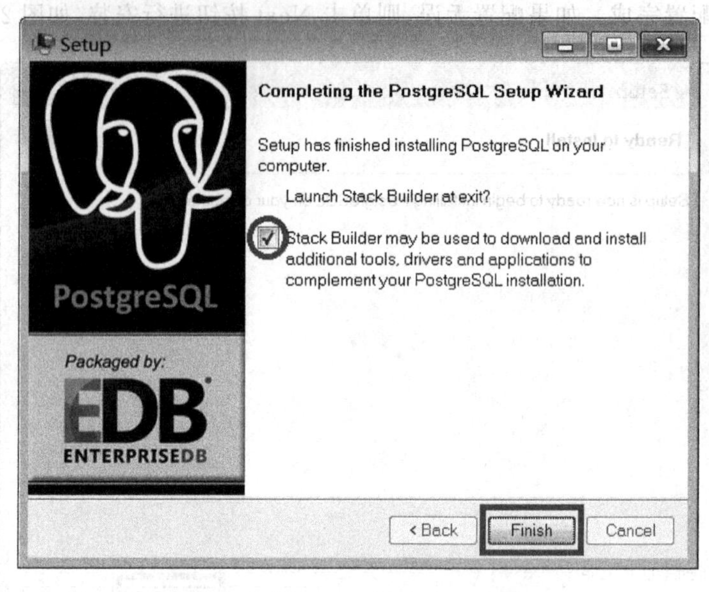

图 2-9　PostgreSQL 安装完成对话框

2.1.2　PostGIS 空间引擎配置

(1) 由于第(9)勾选了启动 Stack Builder 的选择框,因此此时将弹出 Stack Builder 的对话框,从列表中选择之前安装的服务器作为目标,计算机必须连接到互联网,单击“下一个”按钮,如图 2-10 所示。

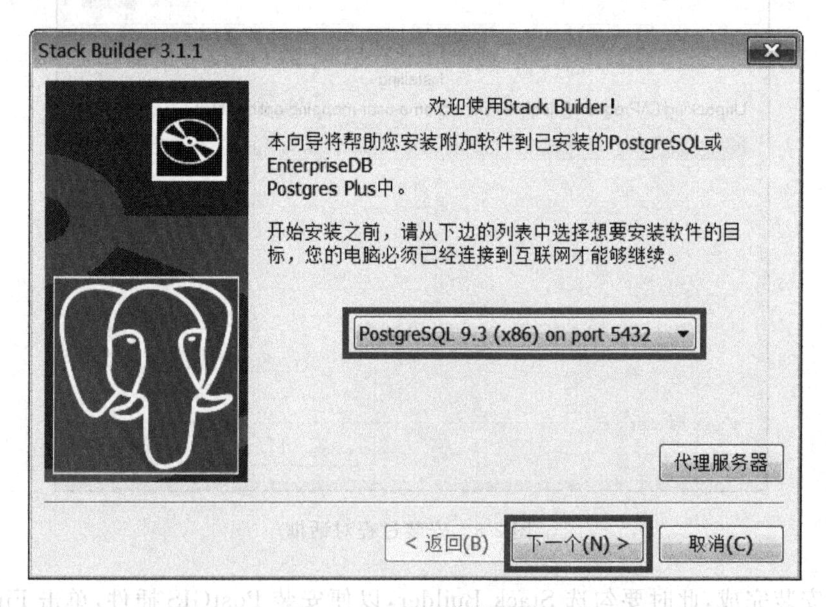

图 2-10　选择目标服务器

(2) 勾选 Spatial Extensions 下的 PostGIS * Bundle for PostgreSQL，单击“下一个”按钮，如图 2-11 所示。

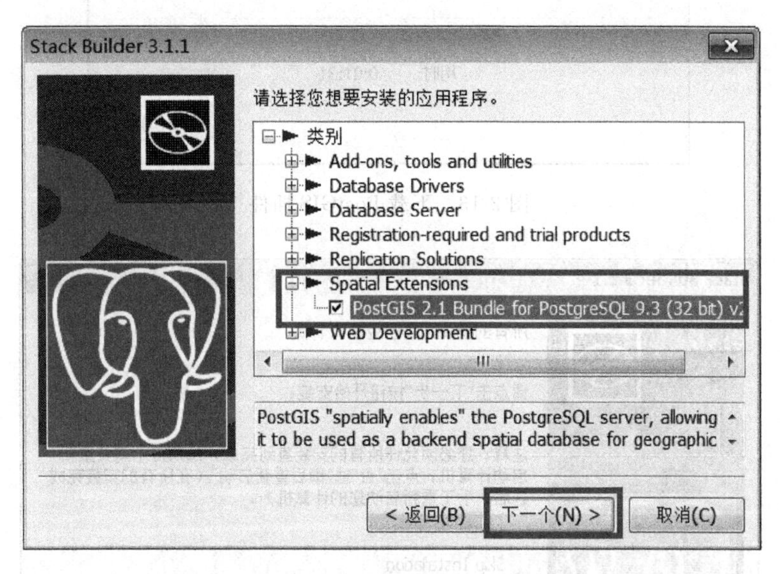

图 2-11　选择 PostGIS 插件进行安装

(3) 选择 PostGIS 的下载目录，单击“下一个”按钮，如图 2-12 所示。

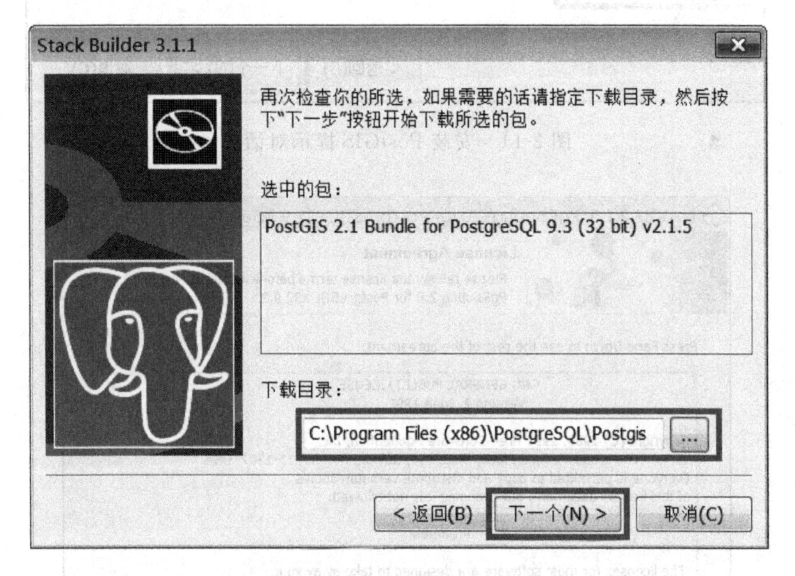

图 2-12　选择下载目录

(4) 程序将下载 PostGIS 的插件，如图 2-13 所示。

(5) 安装文件下载成功，单击“下一个”按钮进入安装，如图 2-14 所示。

(6) 单击 I Agree 按钮，同意许可协议，如图 2-15 所示。

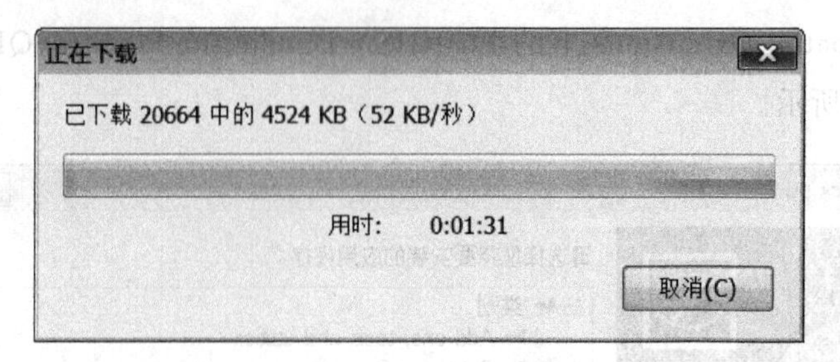

图 2-13　下载 PostGIS 插件

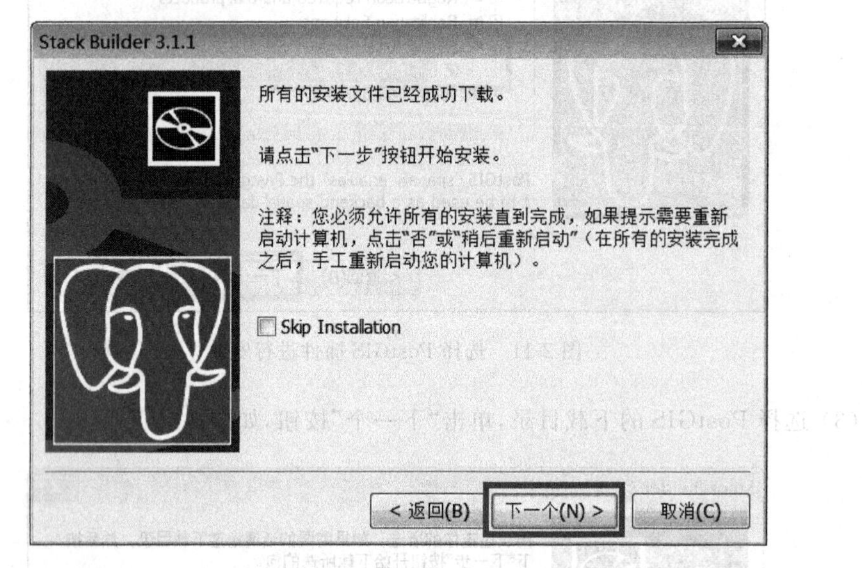

图 2-14　安装 PostGIS 提示对话框

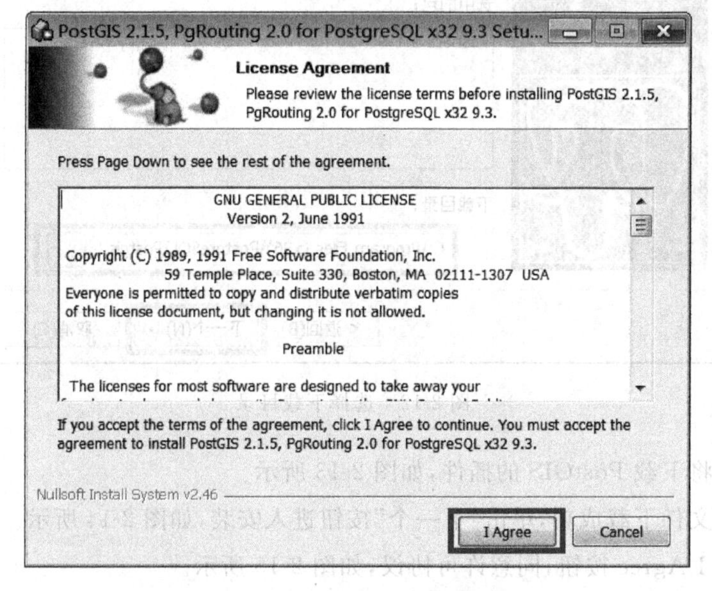

图 2-15　许可协议对话框

(7) 勾选 Create spatial database,用以创建空间数据库实例,单击 Next 按钮,如图 2-16 所示。

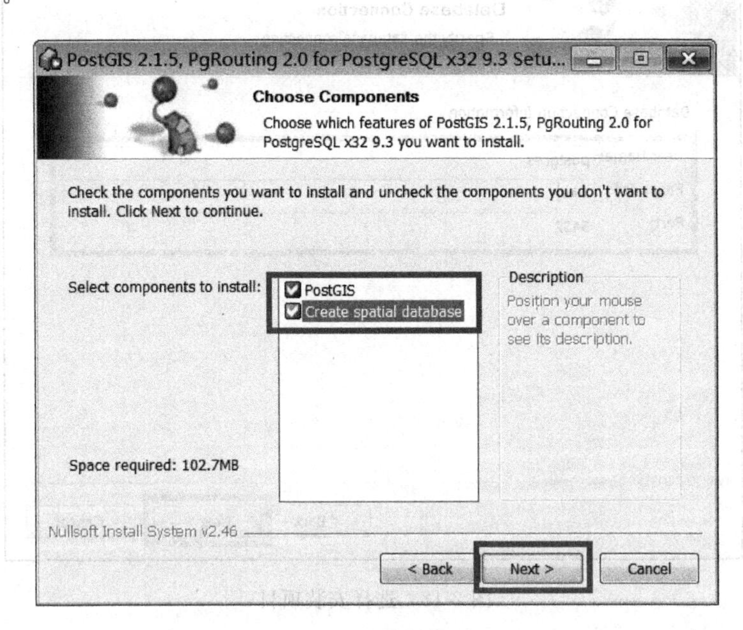

图 2-16　选择安装项目

(8) 选择目标文件夹为 PostgreSQL 的安装目录,单击 Next 按钮,如图 2-17 所示。

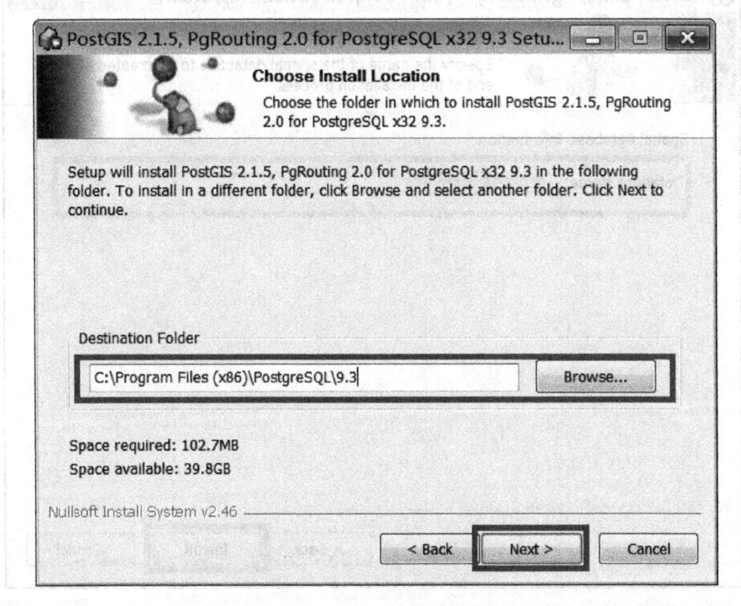

图 2-17　选择安装项目

(9) 输入数据库的连接信息,包括用户名、密码和端口号,输入完成后单击 Next 按钮,如图 2-18 所示。

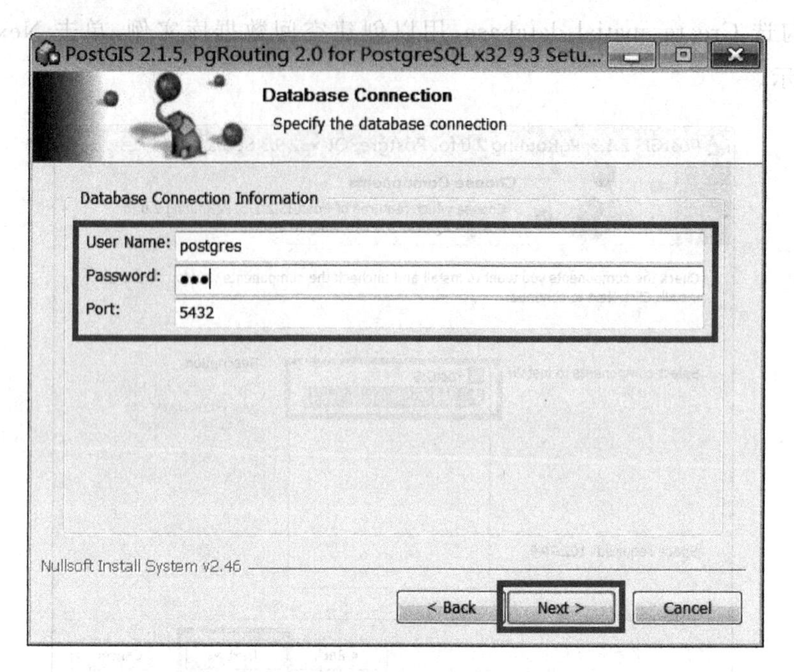

图 2-18 选择安装项目

(10) 输入数据库的名称，输入完成后单击 Install 按钮进行安装，如图 2-19 所示。

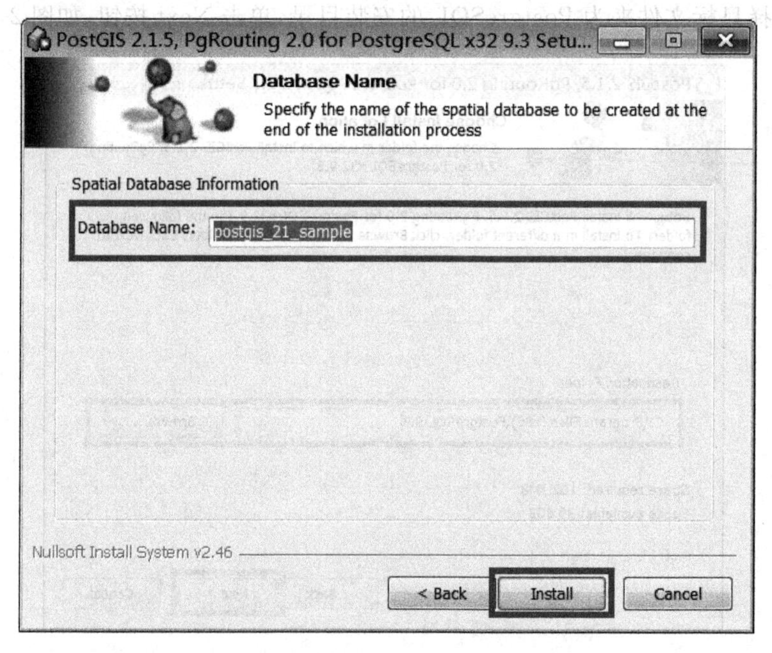

图 2-19 给定样例空间数据库的名称

(11) 安装过程中将会出现注册 GDAL_DATA 环境的对话框，它将用于保证栅格数据的存储，单击“是”按钮继续安装，如图 2-20 所示。

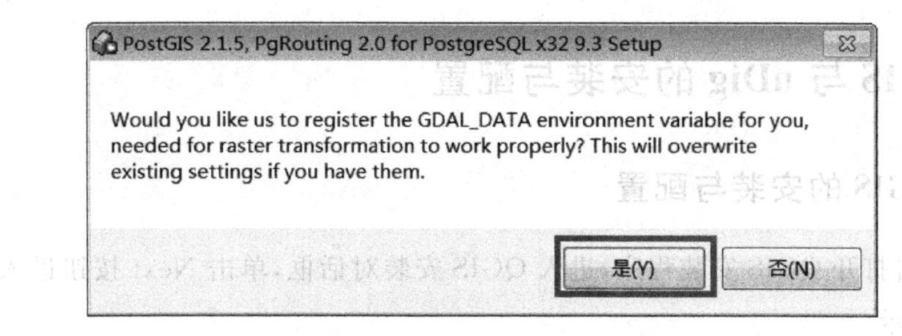

图 2-20 注册 GDAL_DATA 环境

(12) 接着会继续弹出设置栅格驱动的对话框，用于支持栅格的数据类型，单击“是”按钮继续安装，如图 2-21 所示。

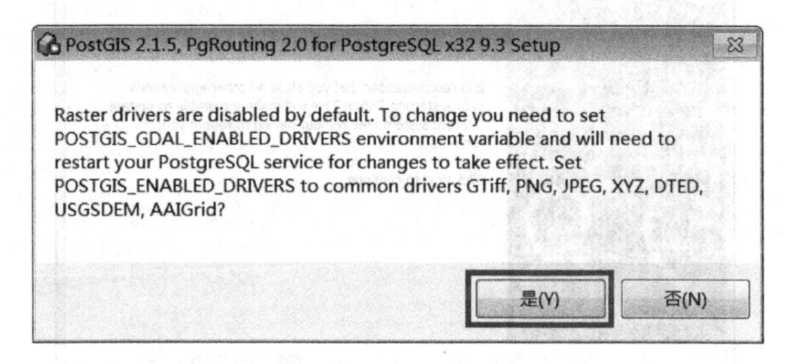

图 2-21 设置栅格驱动

(13) 单击 Close 按钮，关闭对话框，完成安装，如图 2-22 所示。

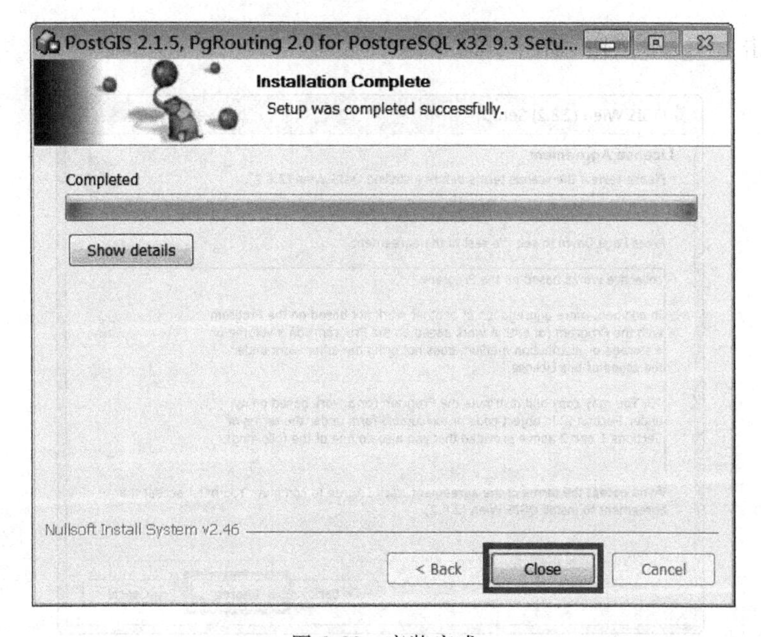

图 2-22 安装完成

2.2　QGIS 与 uDig 的安装与配置

2.2.1　QGIS 的安装与配置

（1）双击打开 QGIS 安装程序，进入 QGIS 安装对话框，单击 Next 按钮进入下一步，如图 2-23 所示。

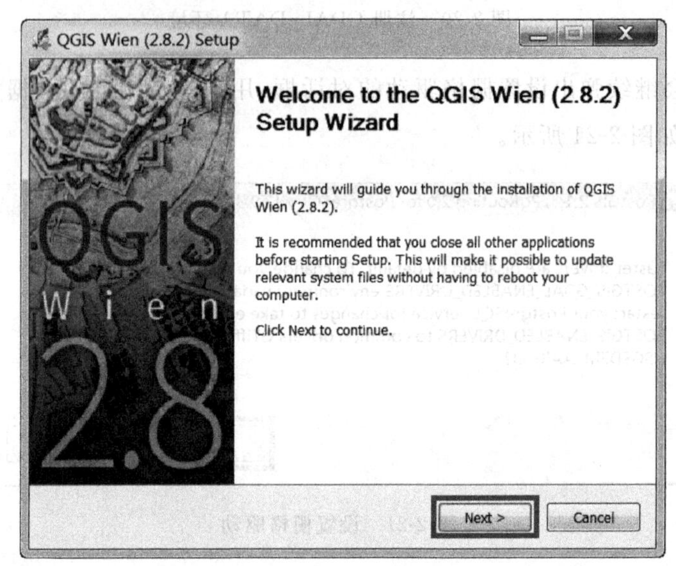

图 2-23　安装启动对话框

（2）单击 I Agree 按钮，如图 2-24 所示。

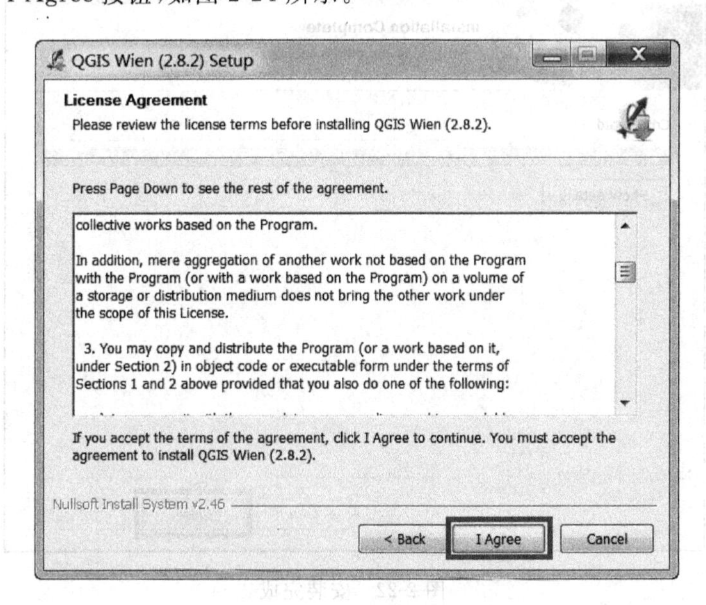

图 2-24　确认许可协议

(3) 选择安装 QGIS 的目录,单击 Next 按钮,如图 2-25 所示。

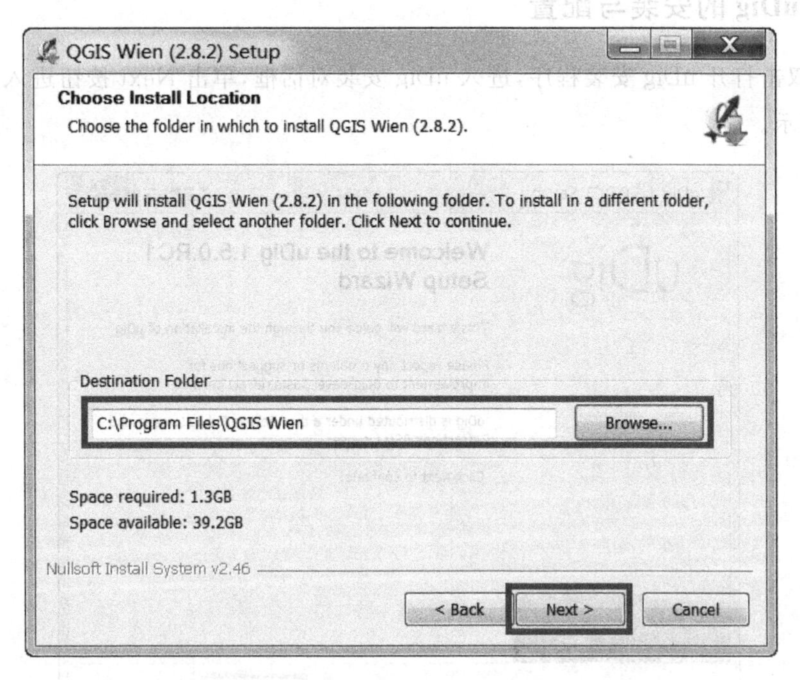

图 2-25　选择安装目录

(4) 单击 Finish 按钮,完成安装,如图 2-26 所示。

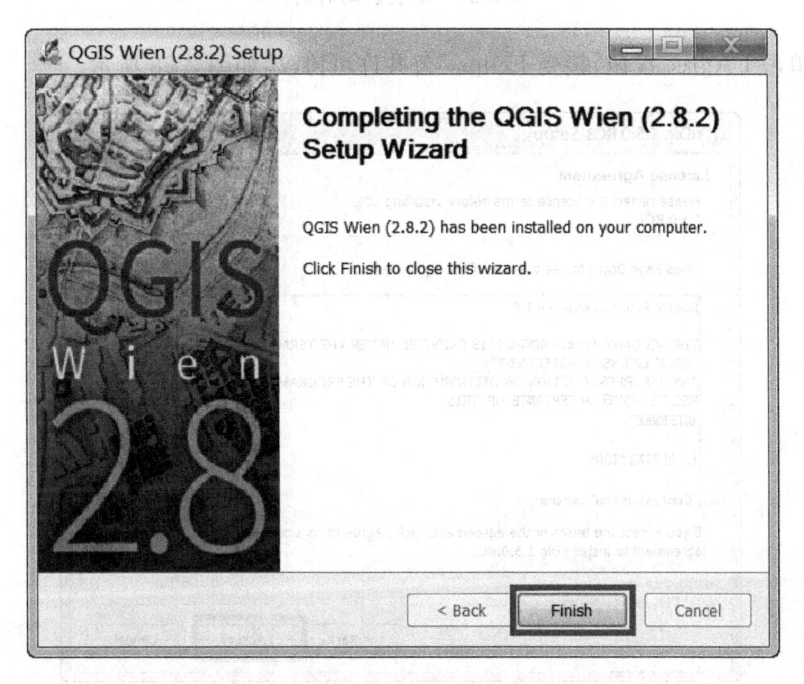

图 2-26　安装完成

2.2.2 uDig 的安装与配置

(1) 双击打开 uDig 安装程序，进入 uDig 安装对话框，单击 Next 按钮进入下一步，如图 2-27 所示。

图 2-27　安装启动对话框

(2) 单击 I Agree 按钮，接受 Eclipse 公共许可协议，如图 2-28 所示。

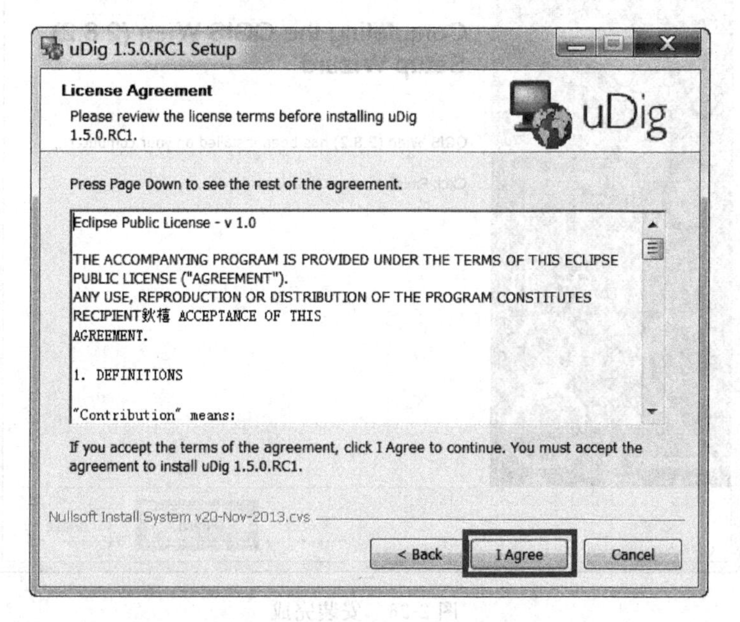

图 2-28　同意 Eclipse 许可协议

（3）单击 I Agree 按钮，接受 Refractions BSD 条款，如图 2-29 所示。

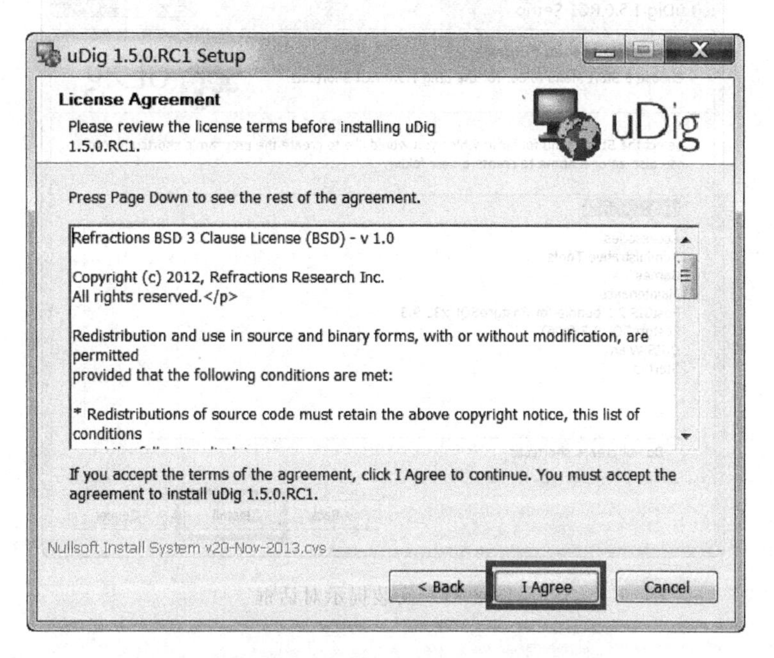

图 2-29　同意 Refractions BSD 许可协议

（4）选择安装 uDig 的目录，单击 Next，如图 2-30 所示。

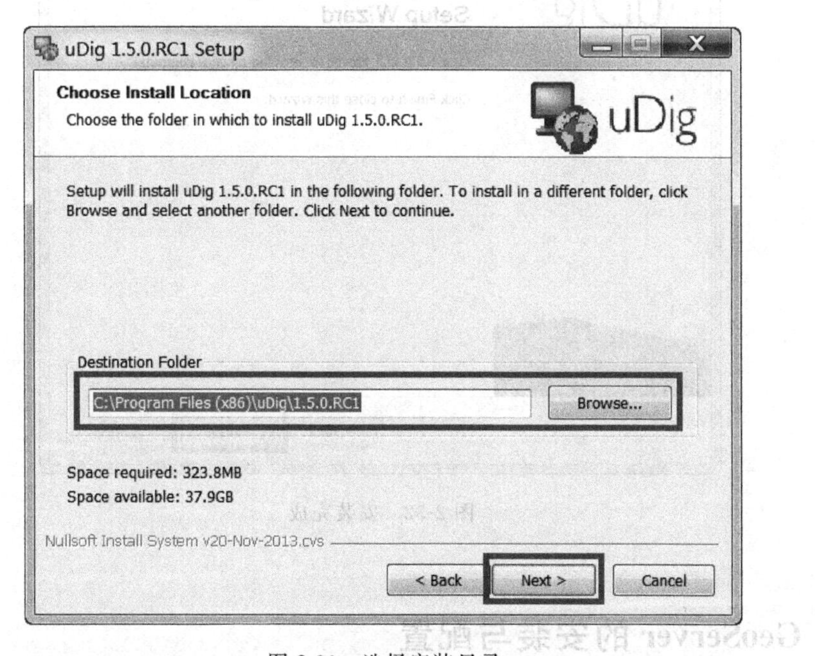

图 2-30　选择安装目录

（5）安装 uDig 配置完成，单击 Install 按钮开始安装，如图 2-31 所示。

（6）单击 Finish 按钮，完成安装，如图 2-32 所示。

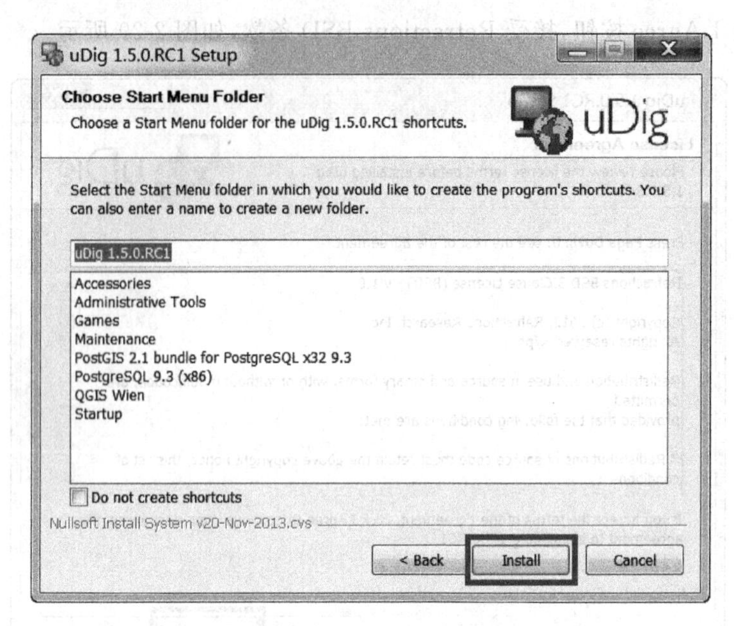

图 2-31　安装提示对话框

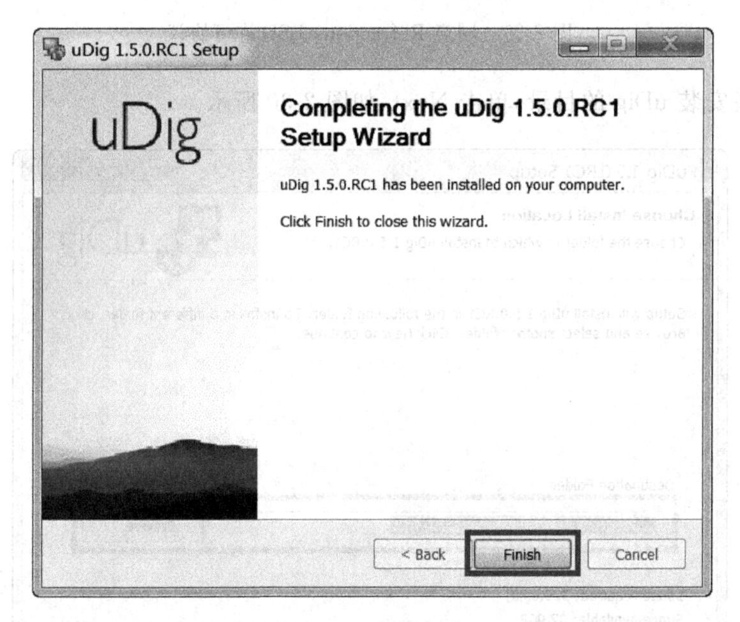

图 2-32　安装完成

2.3　GeoServer 的安装与配置

安装 GeoServer 前，必须要有 JRE 环境，也就是 Java 的运行环境，所以必须安装 JDK，这里不详细介绍 JDK 的安装过程。

(1) 双击打开 GeoServer 安装程序，进入 GeoServer 安装对话框，单击 Next 按钮进入下一步操作，如图 2-33 所示。

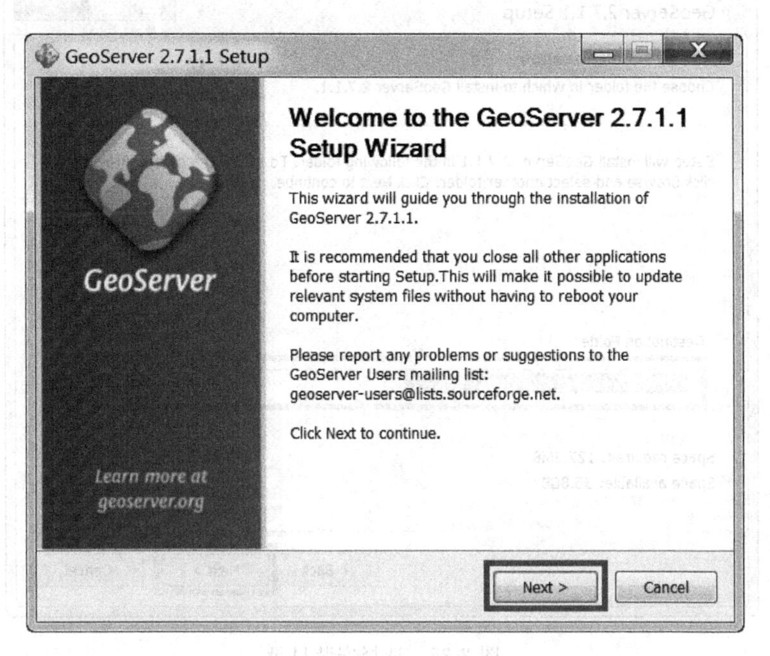

图 2-33 安装启动对话框

(2) 单击 I Agree 按钮，接受 GNU 通用公共许可证 2.0，如图 2-34 所示。

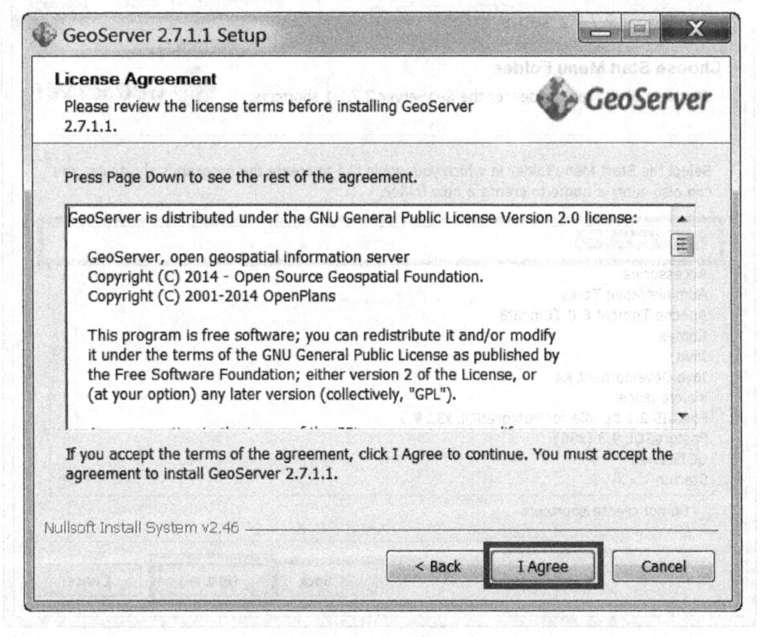

图 2-34 同意 GNU 许可协议

(3) 选择安装 GeoServer 的目录,单击 Next 按钮,如图 2-35 所示。

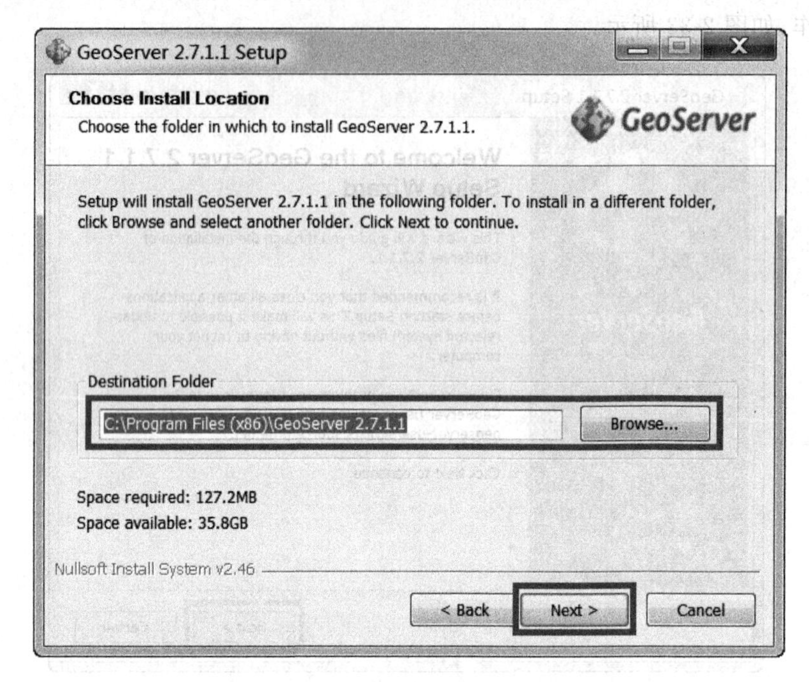

图 2-35　选择安装目录

(4) 设置安装目录的名称,单击 Next 按钮,如图 2-36 所示。

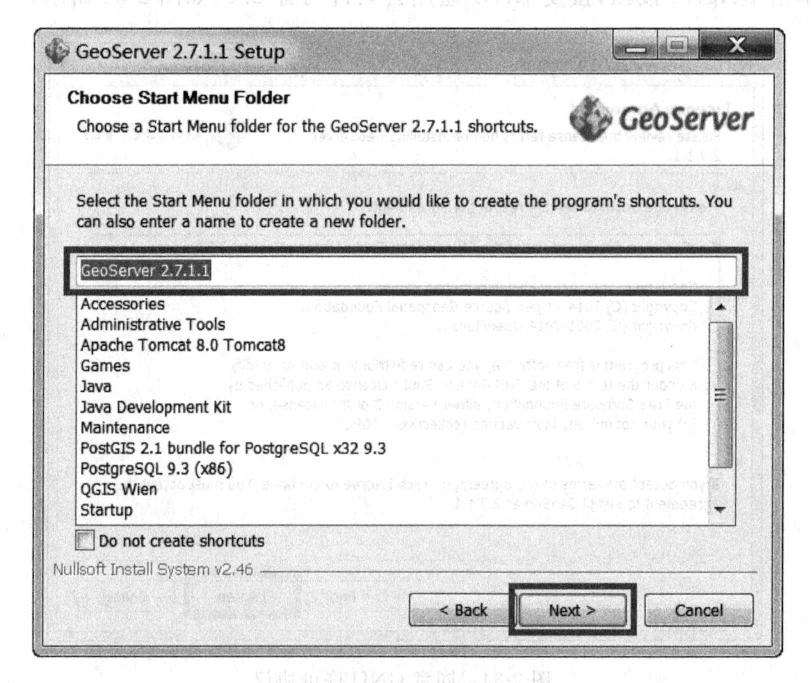

图 2-36　设置安装目录名称

(5) 选择 JRE(Java Runtime Environment)的目录,单击 Next 按钮,如图 2-37 所示。

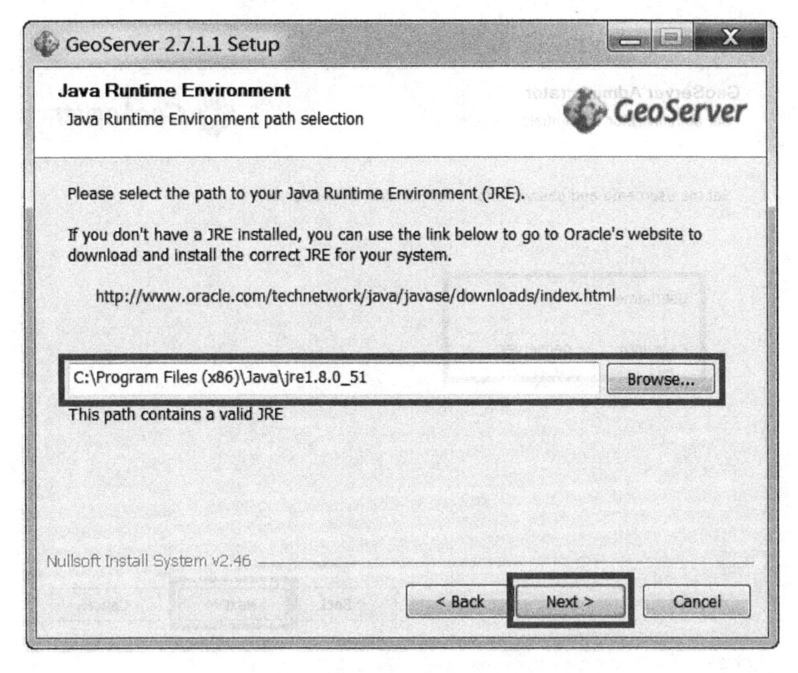

图 2-37 选择 JRE 目录

(6) 选择默认的数据路径,单击 Next 按钮,如图 2-38 所示。

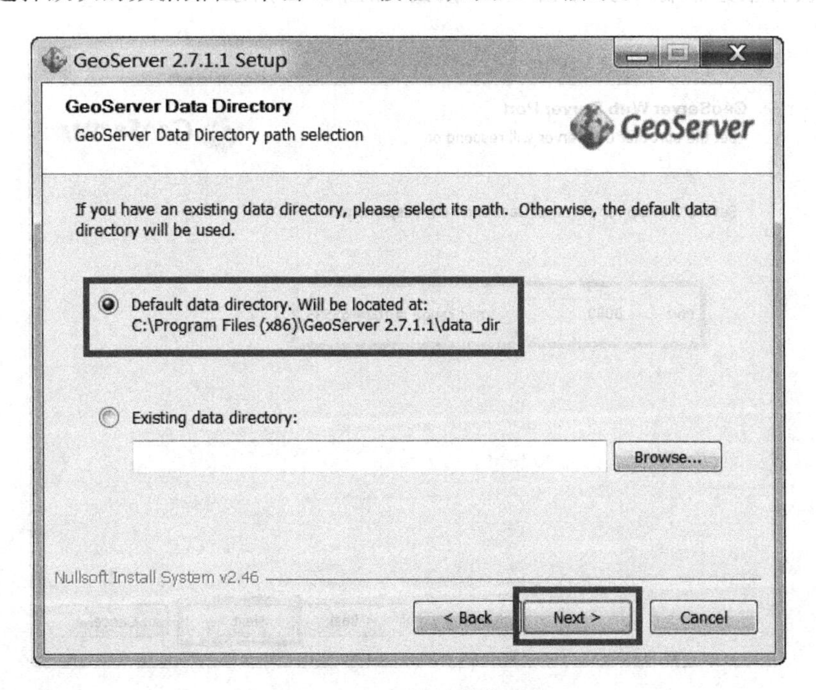

图 2-38 选择默认数据路径

(7) 设置 GeoServer 管理员的用户名和密码,单击 Next 按钮,如图 2-39 所示。

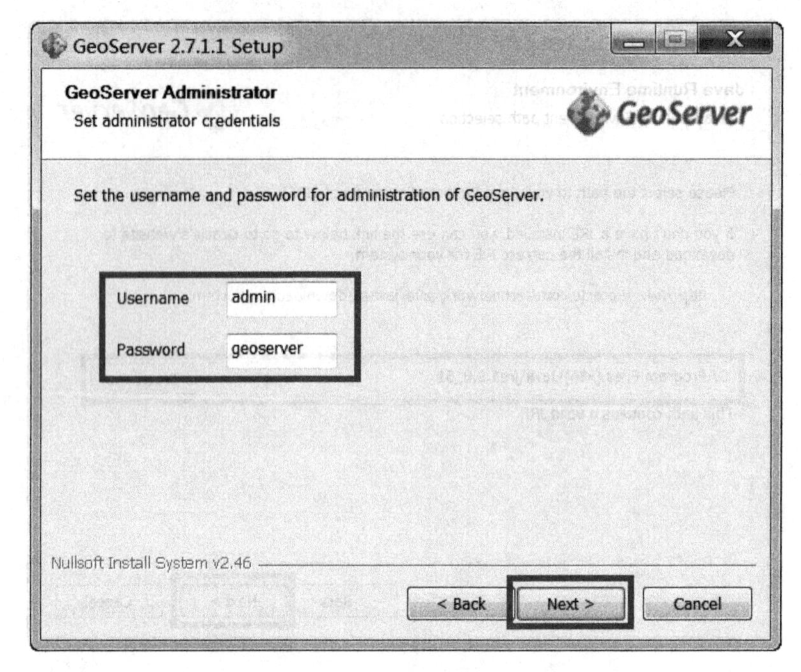

图 2-39　设置用户名和密码

(8) 设置服务器端口号,单击 Next 按钮,如图 2-40 所示。

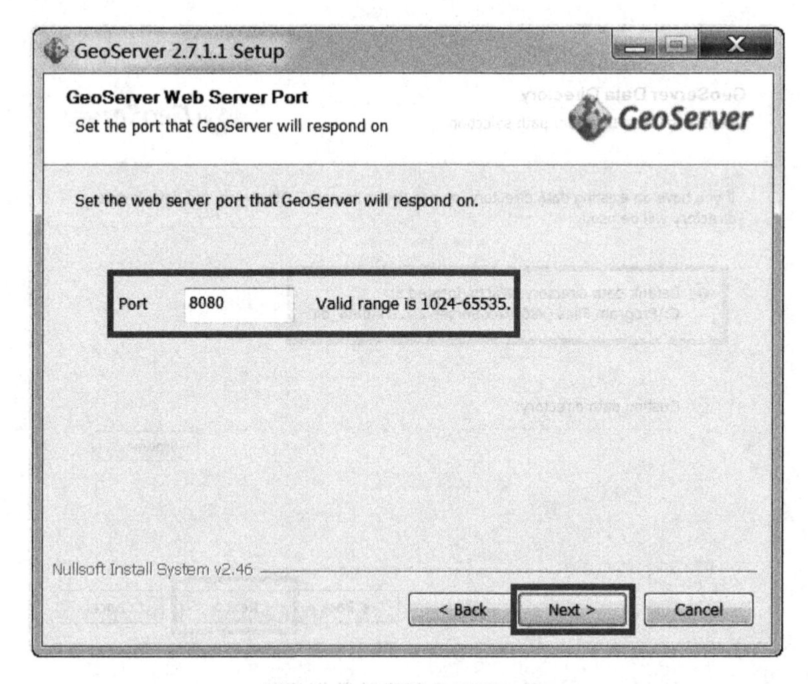

图 2-40　设置服务器端口号

(9) 选择第二种安装类型，即作为服务安装，为所有计算机用户开放，单击 Next 按钮，如图 2-41 所示。

图 2-41　选择安装类型

(10) 查看配置信息，如果准确无误，则单击 Install 按钮进行安装，如图 2-42 所示。

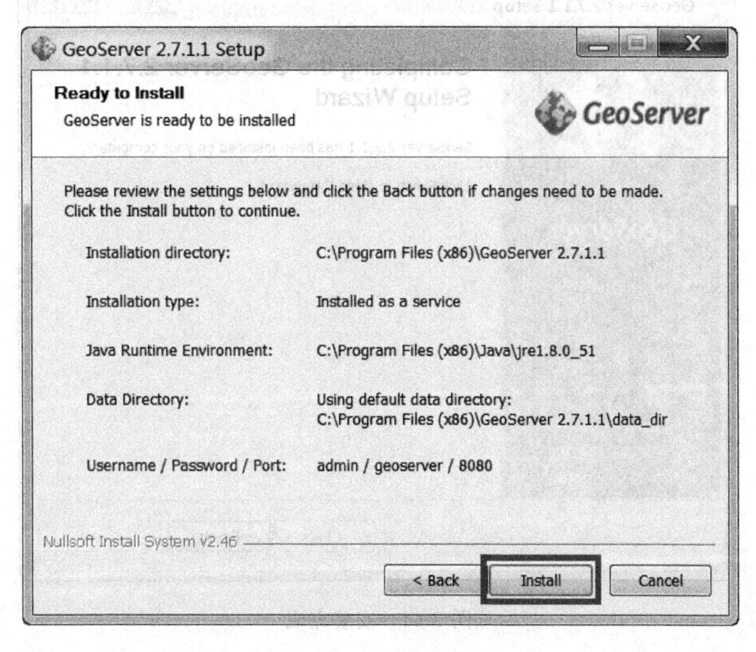

图 2-42　检查配置信息

(11) 安装过程如图 2-43 所示。

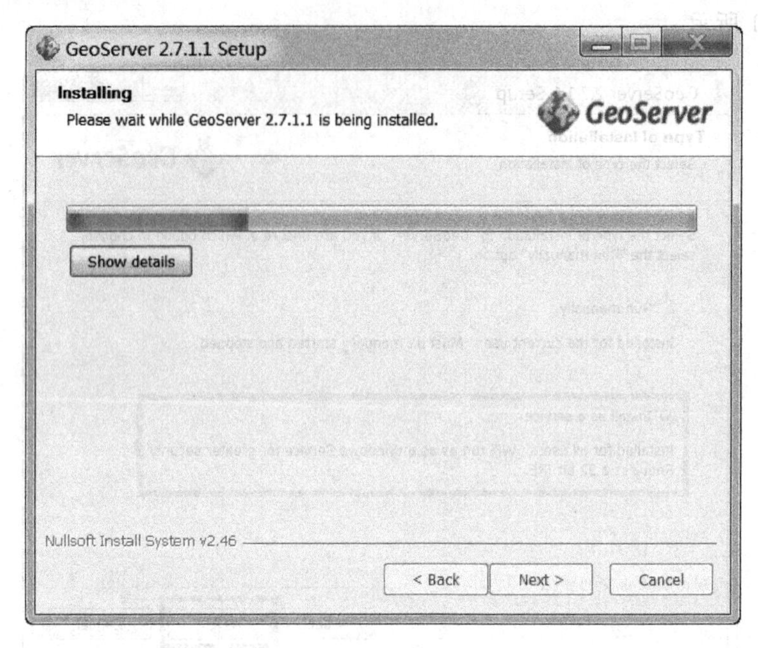

图 2-43 安装过程

(12) 安装完成,单击 Finish 按钮关闭对话框,如图 2-44 所示。

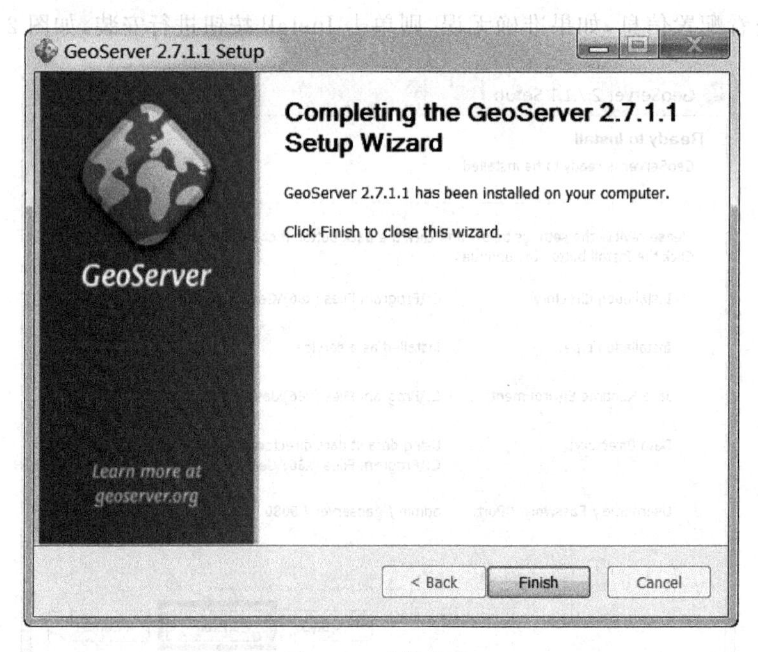

图 2-44 安装完成

(13) 打开浏览器,输入 http://localhost:8080/geoserver,如果网页能打开(如图 2-45 所示),则说明安装成功,输入登录用户名和密码即可进行发布地图等操作。

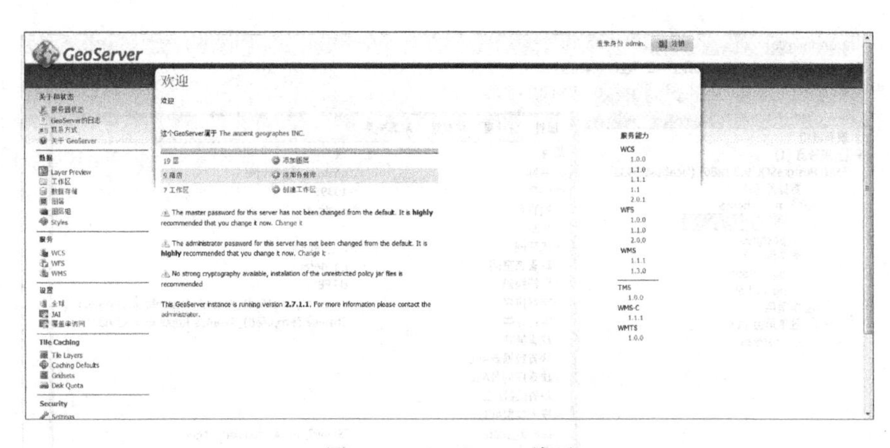

图 2-45　GeoServer 首页

2.4　pgAdmin Ⅲ的基本操作

2.4.1　主窗体

(1) 打开 pgAdmin 程序，在目录树中选择要连接的服务器，右击“连接”选项，如图 2-46 所示。

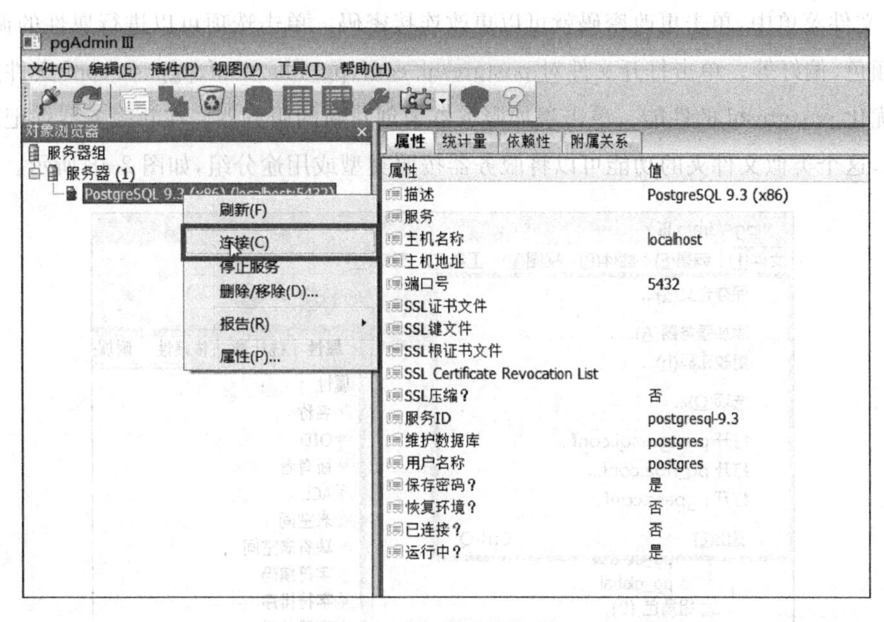

图 2-46　连接服务器

(2) 主窗口显示如图 2-47 所示，可以在此新建、编辑和删除对象。单击对象，主窗口右侧将会显示详细属性。

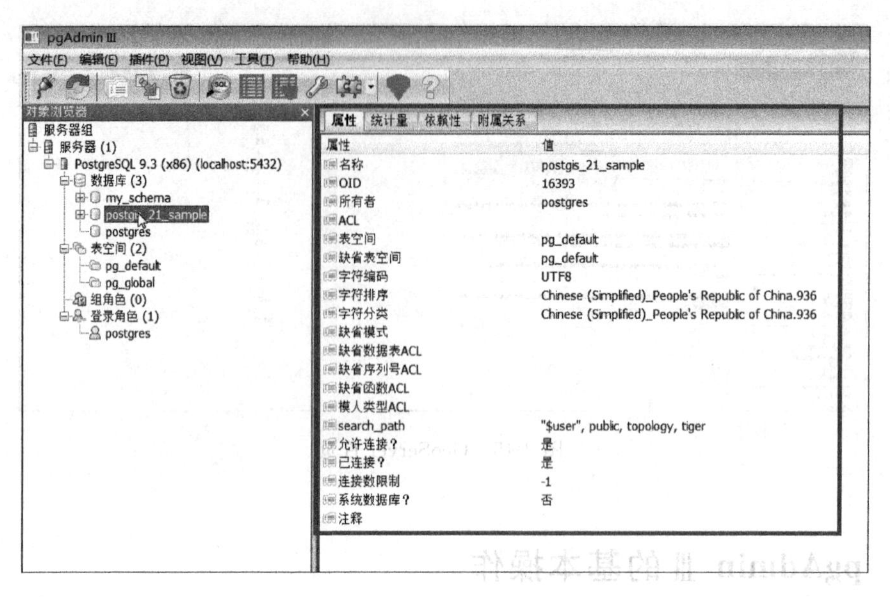

图 2-47 对象属性信息

2.4.2 导航菜单功能

(1) 文件

在文件菜单中，单击更改密码就可以更改连接密码。单击选项可以进行属性的调节，如语言、颜色、偏好等。单击打开文件对 postgresql. conf、pg_hba. conf、pgpass. conf 文件进行编辑，来优化 postgresql 的性能。单击添加服务器来创建新的服务器。在新服务器登记时可以选择组，这个类似文件夹的功能可以将服务器按照类型或用途分组，如图 2-48 所示。

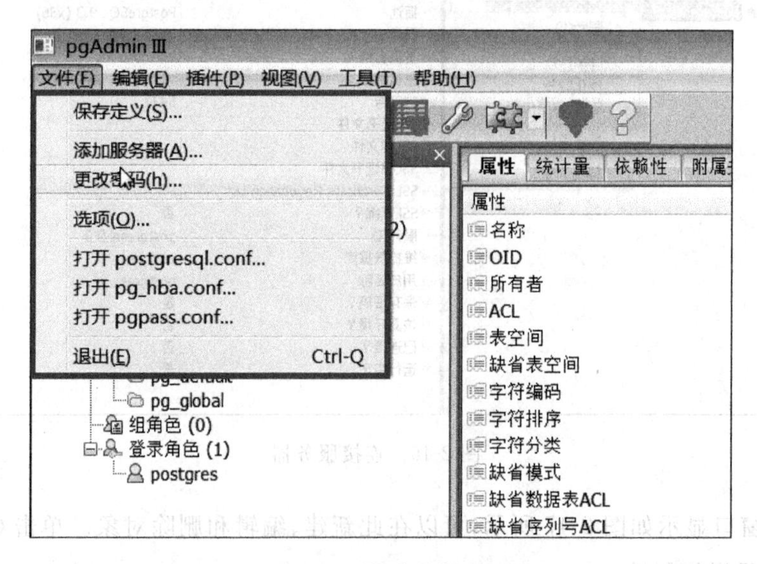

图 2-48 文件菜单栏选项

(2) 编辑

对数据库和对象做相应的操作(右击所选对象相当于选择所有相关功能)。

(3) 插件

启动 psql 控制台并连接到在 pgAdmin 中所选的数据库,可以输入相应的命令。

(4) 视图

调节页面视图的显示。例如,打开或关闭对象浏览器。

(5) 工具

对所选对象进行相应操作(对所选对象执行右键操作可达到相同效果,但使用工具可以打开查询工具)。

(6) 帮助

查看帮助文档。

2.4.3　工具栏的介绍

工具栏是作为优化用户体验的模块,可快速找到使用较为频繁的工具(如图 2-49),图标作用从左到右依次为:

1:新建立一个服务器。

2:刷新所选对象(所选对象右键刷新也可以实现)。

3:显示所选对象的属性。

4:创建和当前鼠标所选取对象同类型的对象。

5:删除所选对象。

6:SQL 查询工具。

7:查看所选对象的数据。

8:输入条件对所选对象的数据进行过滤。

9:对数据库和数据表进行维护。

10:执行上次使用过的插件,并可选择插件。

11:显示当前对象的指导建议。

12:显示关于 SQL 指令的帮助。

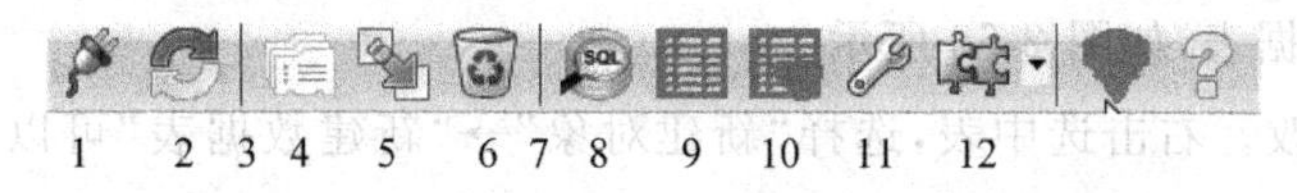

图 2-49　工具栏

2.4.4　数据库与表的创建

(1) 数据库的创建。单击选中"数据库",右键选择"新建数据库"菜单项,给定数据库的名称,如图 2-50 所示。

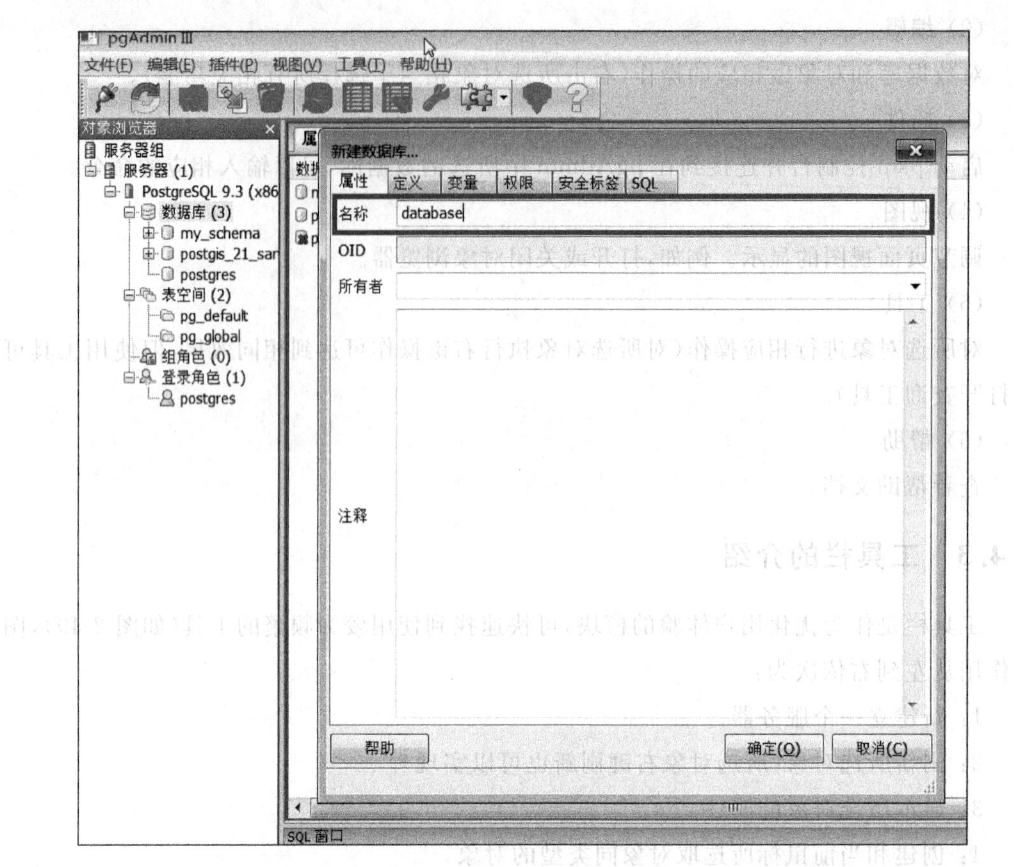

图 2-50　给定新建数据库名称

如果创建空间数据库，选择“定义”选项卡，在“模板”下拉框中选择之前安装的模板空间数据库（如图 2-51 所示，本实验模板为 postgis_21_sample），其他选项一般选择默认设置即可。

(2) 表的创建。选中模式中的数据表，单击右键，选择“新建数据库表”，如果只是新建普通数据表，给定名称，单击“确定”按钮完成创建（如图 2-52 所示，特别注意新建表时表名与字段名要小写，因为它会区分大小写。大写或者大小写混合的会加上双引号）。

如果创建空间数据表，在“字段”选项卡上添加一项 geometry 数据类型的字段，即可成功创建空间数据表，如图 2-53 所示。

(3) 表的修改。右击选中表，选择“新建对象”→“新建数据表”可以对表进行相应修改，如图 2-54 所示。

(4) 表的查询。右击选中所要操作的表查看数据所有行，可以查看并修改该表的数据（如图 2-55 所示，注意：想要以表格形式修改此表，该表必须有主键）。

在表格中右键选中字段可以进行过滤与排序等，如图 2-56 所示。

图 2-51 给定模板空间数据库

图 2-52 给定创建表的名称

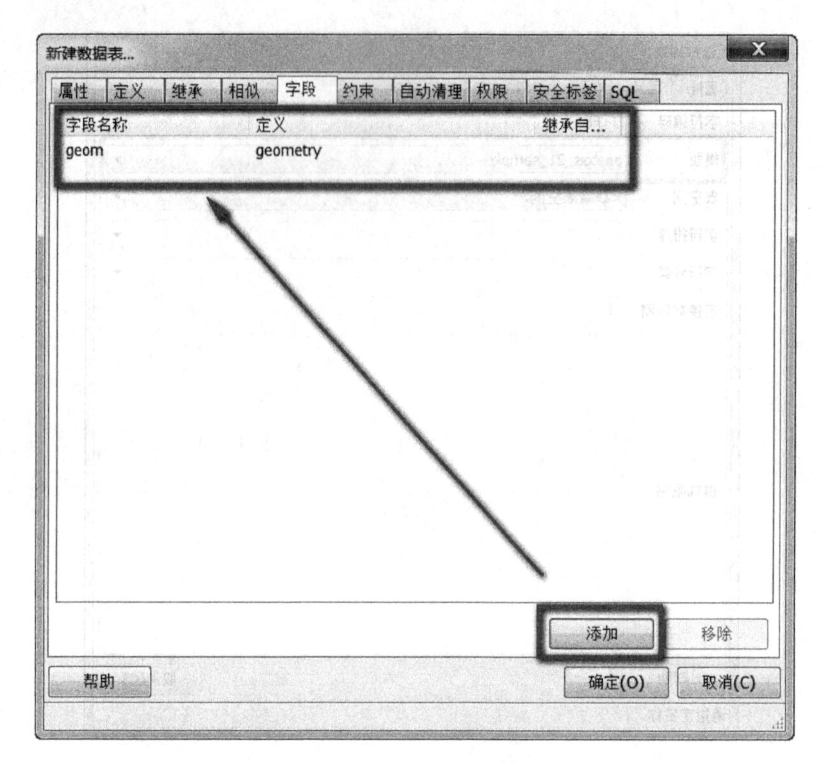

图 2-53　给定几何字段

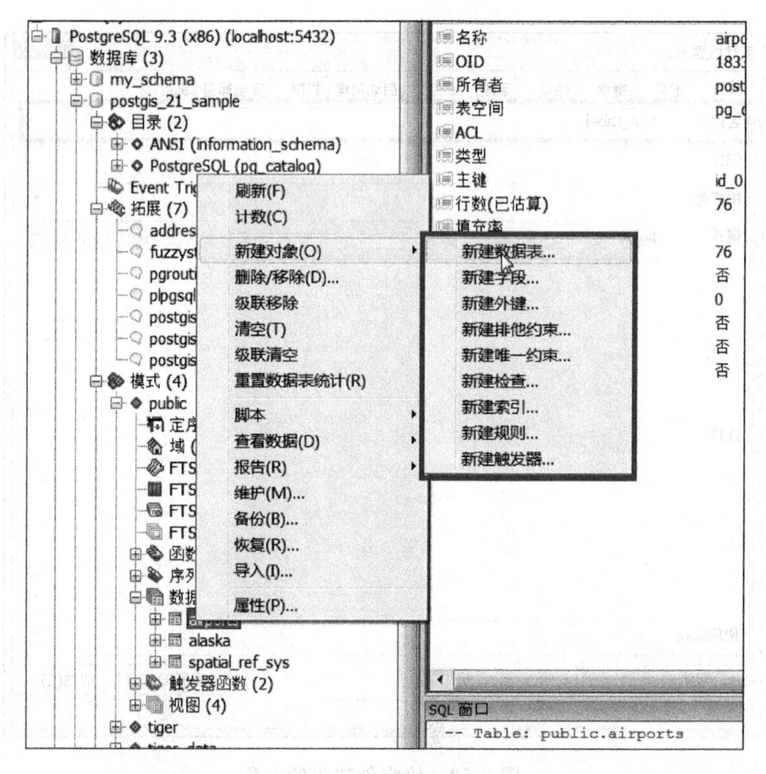

图 2-54　表的修改

图 2-55 表的查询

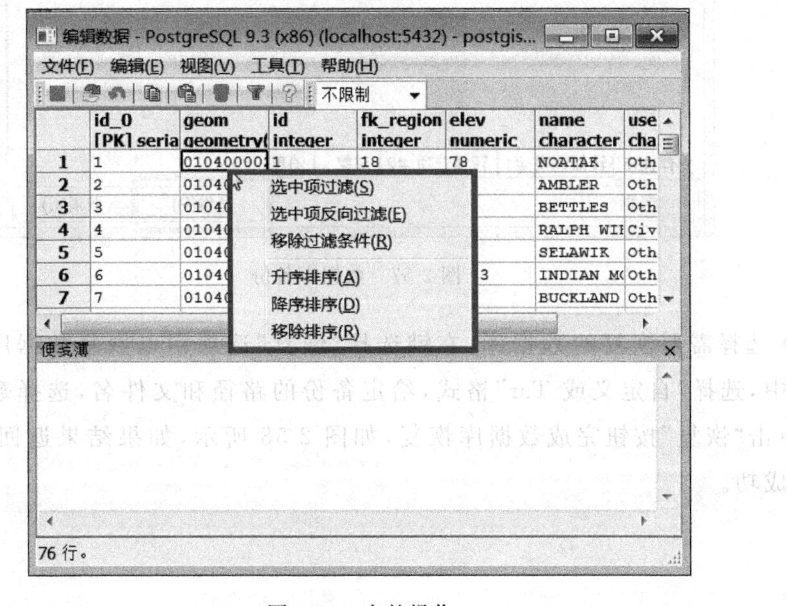

图 2-56 表的操作

2.4.5 数据库的备份与恢复

(1) 右键选择要备份的数据库单击“备份”选项。用 pgAdmin 可以把数据库备份成自定义、tar、无格式和目录 4 种格式。自定义和 tar 格式都可将数据备份成以 backup 为后缀名的格式，但是自定义的压缩率更大；无格式将把数据库保存成 sql 脚本，无法使用“恢复”功能恢复数据库，可使用 psql 工具恢复；目录格式将把数据库保存成多个 dat 压缩文件和一个 dat 头文件，可用于“恢复”功能，这里将用 tar 的格式进行备份，字符编码选择 UTF8，角色名称选择 postgres，其他选项一般选择默认，单击“备份”按钮完成备份，如图 2-57 所示。

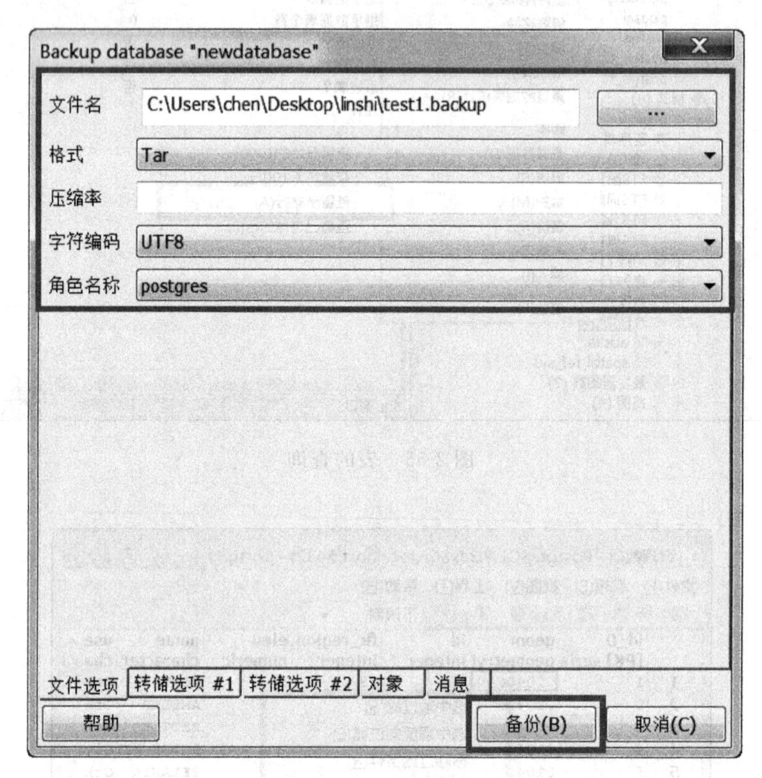

图 2-57 数据库备份

(2) 选择需要恢复的数据库，右键选择“恢复”选项用以恢复数据库。在弹出的对话框中，选择“自定义或 Tar”格式，给定备份的路径和文件名，选择数据库的角色名称，单击“恢复”按钮完成数据库恢复，如图 2-58 所示，如果结果返回 1，表明数据库恢复成功。

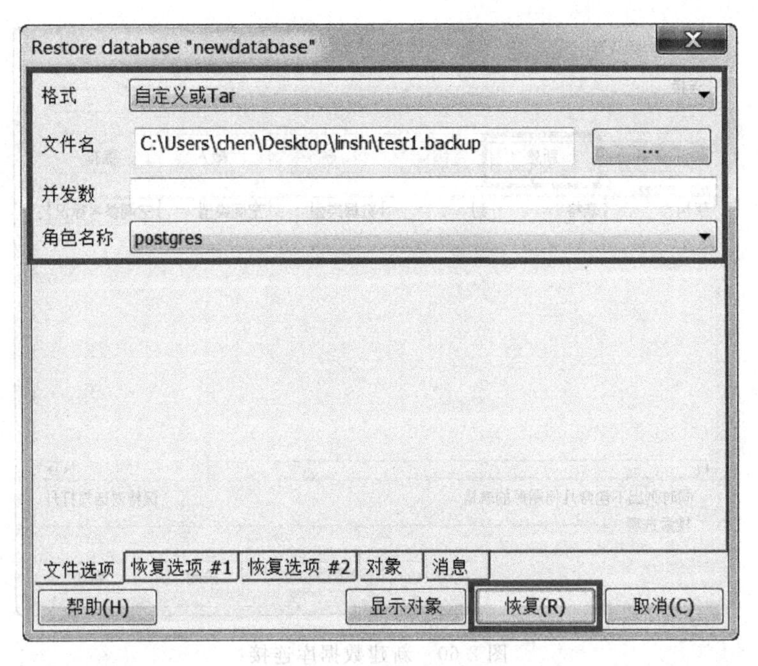

图 2-58　数据库恢复

2.5　利用 QGIS 将 shp 数据导入 PostgreSQL 空间数据库

2.5.1　利用 QGIS 连接 PostgreSQL 空间数据库

(1) 打开 QGIS 程序，在其左侧“添加数据”工具栏中单击“大象”图标，用以添加 PostGIS 图层，如图 2-59 所示。

(2) 在弹出的对话框中单击“新建”按钮，创建一个新的数据库连接，如图 2-60 所示。

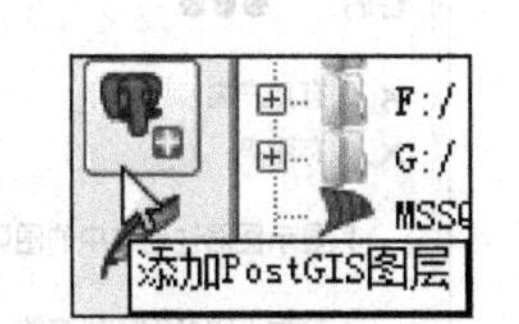

图 2-59　添加 PostGIS 连接的工具

(3) 在弹出的对话框中，给定连接的名称(本次实验命名为 qgis_postgis)，主机名指定 localhost，端口号为 5432，数据库填写目标数据库的名称，SSL 模式默认禁用，给定用户名和密码，选择“保存用户名”和“保存密码”，以便每次连接时无须重新输入，如图 2-61 所示。

(4) 单击对话框上的“测试连接”按钮，如果弹出信息框提醒成功连接，则说明配置信息可以连接到数据库，如图 2-62 所示。如果提醒连接失败，则说明配置信息有误，需要检查修改，直到连接成功，单击“确定”按钮。

(5) 单击“连接”按钮，用以连接目标数据库。如果数据库的模式信息出现在对话框上，表明数据库已经连接上，单击“关闭”按钮完成数据库连接，如图 2-63 所示。

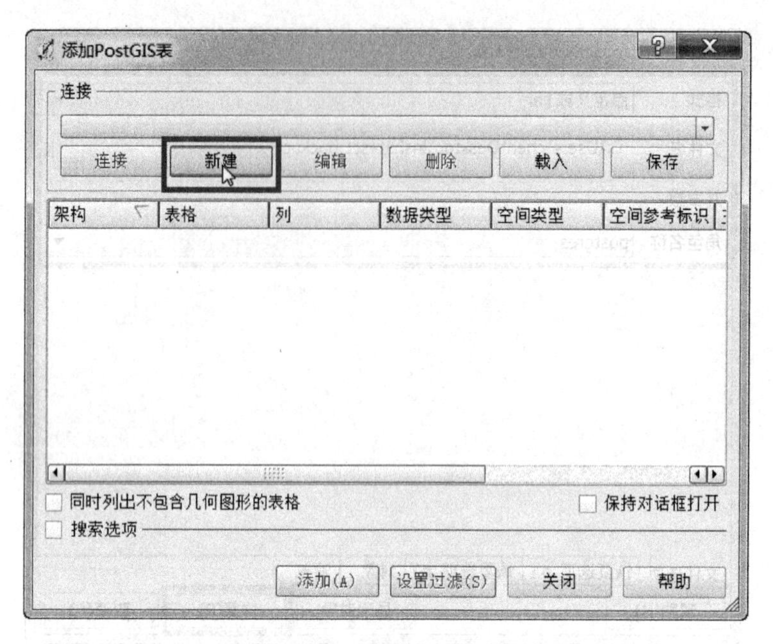

图 2-60　新建数据库连接

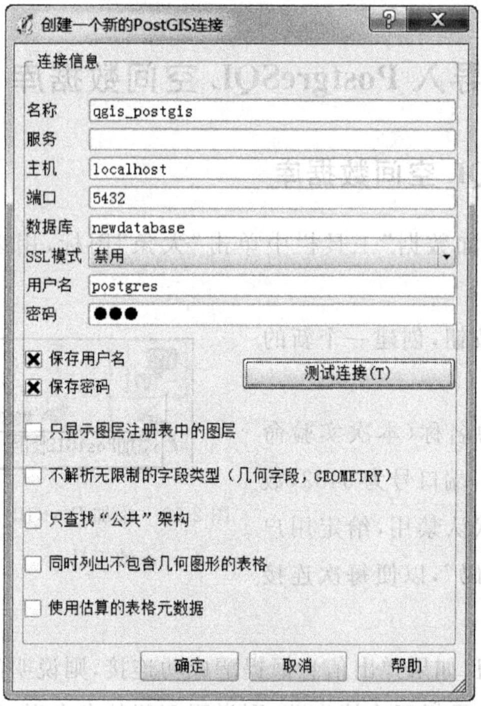

图 2-61　数据库连接配置信息

图 2-62　连接成功

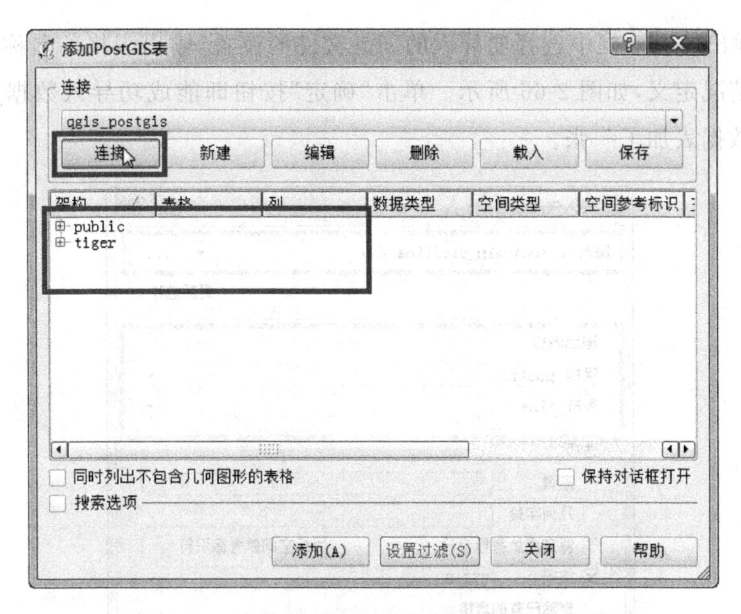

图 2-63　连接成功后将出现连接数据库的内容

2.5.2　导入导出 shp 数据

(1) 在 QGIS 界面导航栏选择“数据库”菜单项，单击选择“数据库管理器”工具，用于数据库操作，如图 2-64 所示。

(2) 在弹出的对话框中选择要导入的数据库和模式，单击“导入图层工具”按钮，如图 2-65 所示。

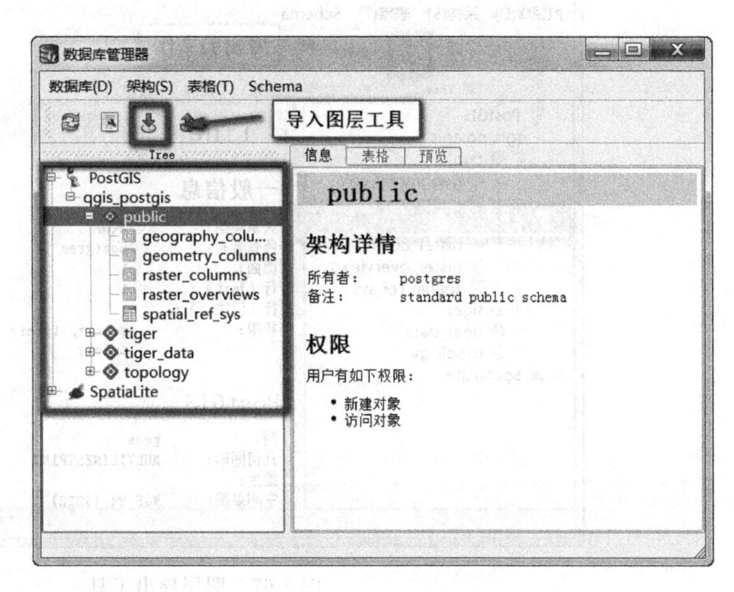

图 2-64　数据库管理器工具

图 2-65　导入图层工具

(3) 在弹出的对话框中选择要导入的 shp 文件的位置,输出表格的名称,其余选项可以根据实际情况定义,如图 2-66 所示。单击“确定”按钮即能成功导入数据,单击“刷新”可以观察到数据表加了一张。

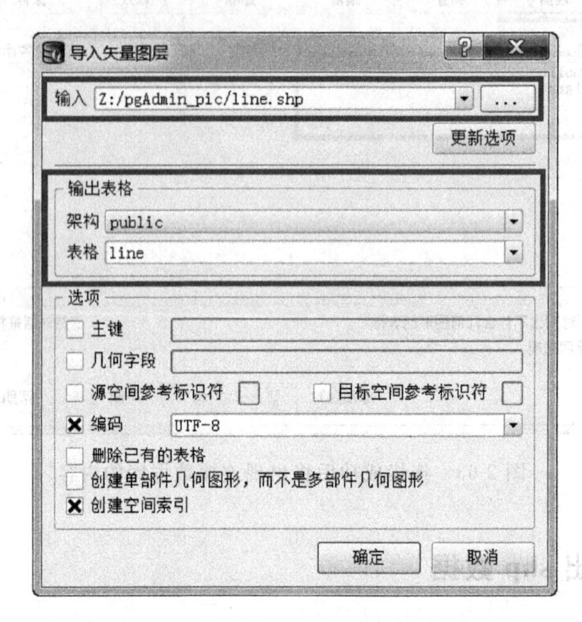

图 2-66 导入图层

(4) 选中需要导出的数据库表,单击“导出到文件”按钮,如图 2-67 所示。

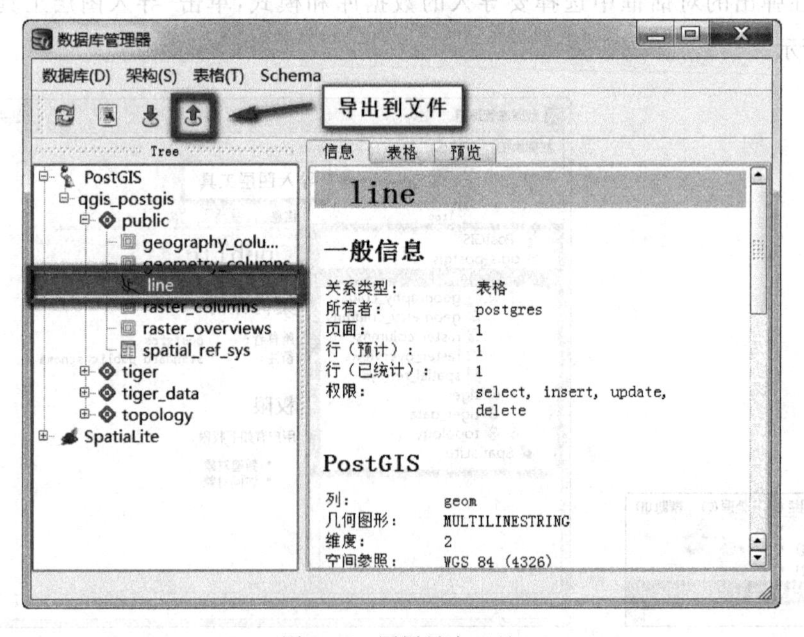

图 2-67 图层导出工具

(5) 选择 shp 文件导出的路径，单击“确定”按钮导出数据，如图 2-68 所示。

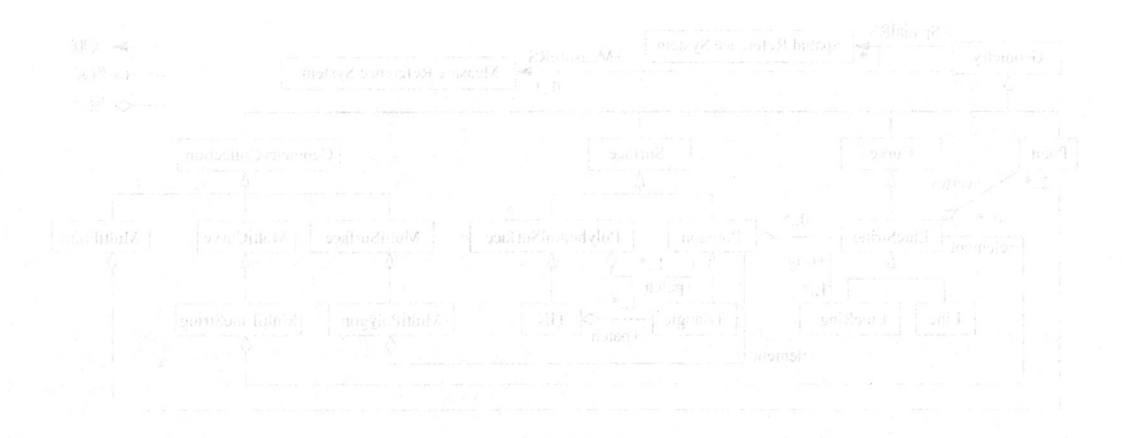

图 2-68 导出图层为 shp 文件

第 3 章　空间数据库的 SQL Geometry 数据类型

3.1　空间数据类型继承关系 UML 图

矢量要素包含两个部分：Geometry 存储空间数据，AttributeTable 存储属性数据。Geometry 是所有空间类型的基类，它的第一层子类就是最基础的空间类型，分别为点、线、面与几何集合。例如中国地图，图上每个省都是一个面要素，省会城市则为点要素，道路交通是线要素，而群岛则是面要素集合或点要素集合。这些真实的空间地物通过转变为空间数据模型中的几何对象从而被计算机识别和存储。

开放地理空间联盟(OGC)下的简单要素几何对象模型(geometry object model)中定义了 17 个几何对象类型：Geometry、Point、Curve、LineString、Line、LinearRing、Surface、Polygon、PolyhedralSurface、Triangle、TIN、GeometryCollection、MultiPoint、MultiCurve、MultiLineString、MultiSurface 以及 MultiPolygon，它们之间的层次关系如图 3-1 所示。

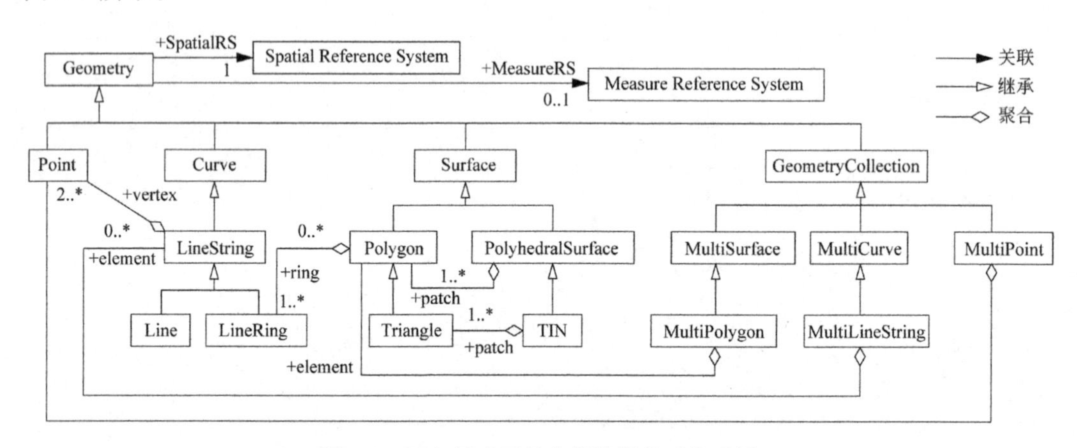

图 3-1　SFA 标准下的空间数据类型关系图

3.2　空间数据的 WKT 和 WKB 表现形式

WKT(well-known text)是一种文本标记语言，该格式由 OGC 制定，用于表示矢量数据中的几何对象，在数据传输与数据库存储时，常用到它的二进制形式，即 WKB(well known binary)。WKT与WKB在GIS中的重要作用在于，它们能利用文本和二进制形式简洁明了地表达矢量空间要素的几何信息，使得几何信息能以字段的形式存储于数据库中。

WKT相比WKB更方便人们理解，具有很高的可读性，图3-2以点、线、面3种基础矢量数据类型为例，简单说明点构线、线构面的构建关系。WKT中所有的数据类型都以点数据为基础，点坐标的XY值用空格隔开，坐标之间用逗号隔开。

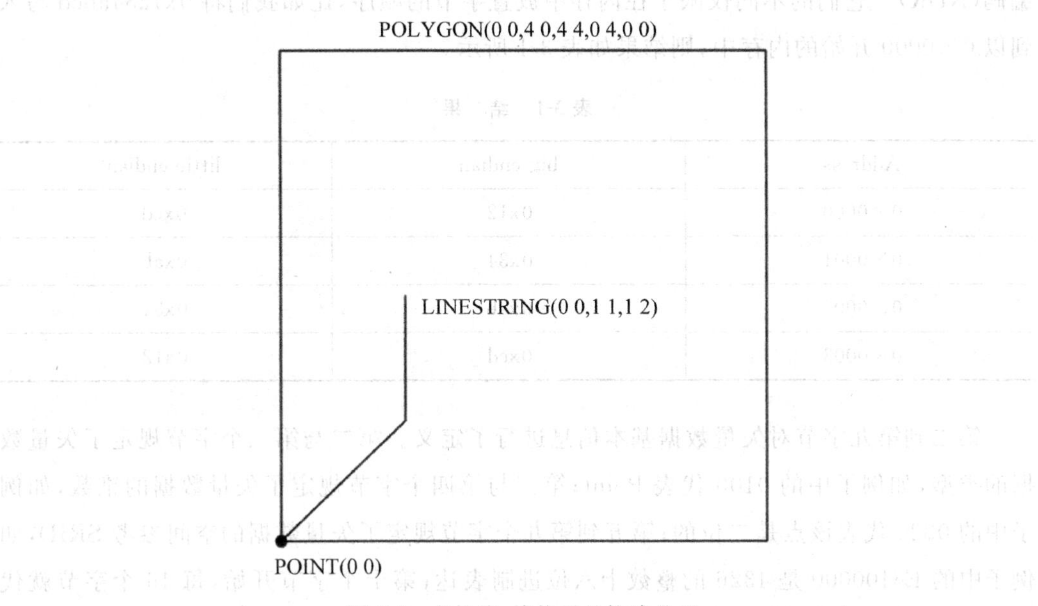

图3-2 点构线、线构面的构建关系

目前，PostGIS中无论是WKT还是WKB，所支持的矢量数据类型都是相同的7种，除去以上3种简单要素类型外，还有如下4种复合类型：

- MULTIPOINT
- MULTILINESTRING
- MULTIPOLYGON
- GEOMETRYCOLLECTION

多点、多线与多面的性质相信大家都能理解，GEOMETRYCOLLECTION其实就是多种简单要素类型的集合，比如GEOMETRYCOLLECTION(POINT(2 3), LINESTRING(2 3,3 4))，说明这个几何集合对象中包含了点(2,3)与线(2 3,3 4)。这种方式打破了ArcGIS等软件中的同记录同类型的传统。

WKB采用二进制进行存储，更方便于计算机处理，因此广泛运用于数据的传输与存储，如图3-3所示。以二位点Point(1 1)为例，其WKB表达如下：

```
01 0100 0020 E6100000 000000000000F03F 000000000000F03F
```

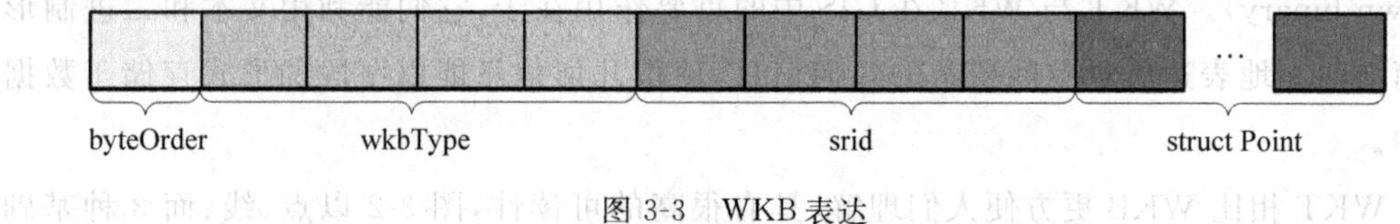

图 3-3 WKB 表达

第一个字节表示编码方式，00 为使用 big-endian 编码(XDR)，01 为使用 little-endian 编码(NDR)。它们的不同仅限于在内存中放置字节的顺序，比如我们将 0x1234abcd 写入到以 0×0000 开始的内存中，则结果如表 3-1 所示。

表 3-1 结 果

Address	big-endian	little-endian
0×0000	0x12	0xcd
0×0001	0x34	0xab
0×0002	0xab	0x34
0×0003	0xcd	0x12

第二到第九字节对矢量数据基本信息进行了定义。第二与第三个字节规定了矢量数据的类型，如例子中的 0100 代表 Point；第三与第四个字节规定了矢量数据的维数，如例子中的 0020 代表该点是二位的；第五到第九个字节规定了矢量数据的空间参考 SRID，如例子中的 E6100000 是 4326 的整数十六位进制表达；第十个字节开始，每 16 个字节就代表一个坐标对，如例子中的 000000000000F03F 是浮点型 1 的十六进制表达。

3.3 空间数据的坐标系统 SRID

SRID 全称为 Spatial Reference Identification，它是由欧洲石油测绘组织(EPSG)所定义的空间参考标识符。空间坐标系主要分为地理坐标系与投影坐标系，针对不同国家或者地区的不同情况，全世界存在许多基于不同椭球或大地水准面的空间参考系，如西安 80。为了管理这些种类繁多的坐标系，EPSG 进行了统计与编号，在 PostGIS 中提供了名为 spatial_ref_sys 的空间对照表，涵盖了所有常用的空间投影坐标系与空间地理坐标系，SRID 以 4 位整数的形式唯一标识每一个空间参考系，srtext 字段与 proj4text 字段分别存储参考系椭球长短半轴、大地起始子午面、扁率等信息。

以 Xian 1980 地理坐标系为例，其 SRID 为 4610，srtext 与 proj4text 信息如下：

"GEOGCS["Xian 1980",

DATUM["Xian_1980",SPHEROID["IAG 1975",6378140,298.257,

AUTHORITY["EPSG","7049"]],

AUTHORITY["EPSG","6610"]],
PRIMEM["Greenwich",0,AUTHORITY["EPSG","8901"]],
UNIT["degree",0.0174532925199433,AUTHORITY["EPSG","9122"]],
AUTHORITY["EPSG","4610"]]"
"+proj=longlat +a=6378140 +b=6356755.288157528 +no_defs "

具体解释如下：西安 1980 地理坐标系采用 IAG 1975 椭球，长半轴约 6378140 米，短半轴约 6356755.288157528 米，扁率为 1/298.257，大地起始子午面平行于格林尼治天文台子午面。

3.4 在 PostgreSQL 中直接利用 SQL 建立空间数据库

3.4.1 利用 SQL 语句在 PostgreSQL 空间数据库中建立空间数据表

空间数据表与普通数据表的差别在于矢量数据表含有几何字段，栅格数据表含有栅格字段。以矢量数据为例，通过 PostGIS 提供的函数 AddGeometryColumn 能十分简便地将普通数据表升级为矢量空间数据表。

建立空间数据库分为两步。

第一步，使用传统 SQL 的建表语句将矢量数据的属性表按字段建立，例子中为了方便只设置了一个 ID 作为属性对要素进行标识。具体代码如下：

```
CREATE TABLE public.myspatialtable (id int PRIMARY KEY)
```

第二步，利用函数 AddGeometryColumn 为上一步创建的数据表添加一个特定类型特定投影特定维数的几何字段，该字段用于存储相同类型、相同投影与相同维数的矢量数据几何信息。具体代码如下：

```
SELECT AddGeometryColumn ('public','myspatialtable','geom',4326,'POINT',2);
```

按照以上步骤，一张空的空间点数据表就成功建立了，如图 3-4 所示。

3.4.2 利用 SQL 语句在 PostgreSQL 空间数据表中插入空间数据

在 PostGIS 中，利用 ST_GeomFromText 函数可以实现几何字段信息的创建，需要用到几何信息的 WKT 表达式与空间参考 SRID 作为参数，返回一个 geometry 对象。ST_GeomFromText 函数其实就是将 WKT 的信息转换为 WKB 信息，便于数据库进行存储。具体插入数据的代码如下：

```
INSERT INTO public.myspatialtable(id,geom)
VALUES (1,ST_GeomFromText('POINT(0 0)',4326));
```

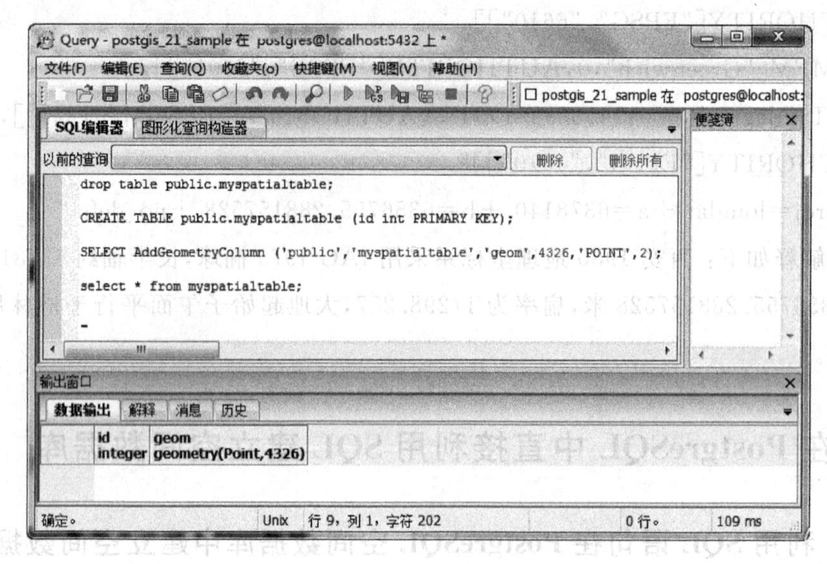

图 3-4 在 PostgreSQL 中建立空间数据表的结果

以上例子中创建的空间要素为 ID 等于 1，坐标为(0,0)的二维空间点，空间参考系为 WGS-84 投影，其结果如图 3-5 所示。

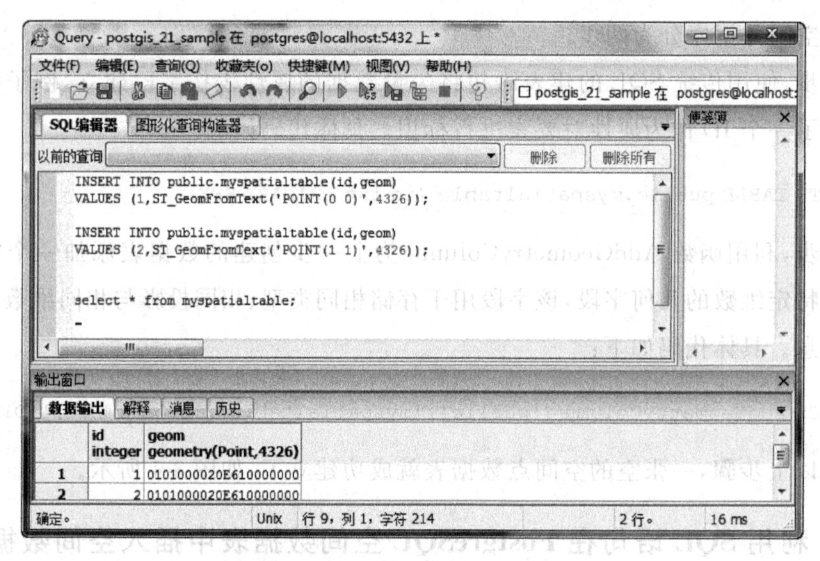

图 3-5 在空间数据表中插入数据的结果

第 4 章　矢量数据空间 SQL 查询与分析操作

4.1　PostGIS 基本类型

(1) box2d

一个由 xmin、ymin、xmax、ymax 组成的边框。通常用于返回一个几何图形的二维边界框。

(2) box3d

一个由 xmin、xmax、ymin、ymax、zmin、zmax 组成的边框。通常用于返回一个几何图形的三维边界框。

(3) geometry

平面空间数据类型，是 PostGIS 的一个基本空间数据类型，用于表示在欧氏坐标系中的要素。

(4) geometry_dump

一个包括两个字段的空间数据类型。第一个为 geom，用于保存几何对象；第二个是 path[]，一维数组用于记录转储对象内几何的位置。

(5) geography

椭球空间数据类型，常用于表示在圆球坐标系统上的要素。

4.2　管理函数 UpdateGeometrySRID

1. 功能描述

更新几何列下的所有要素的 SRID。如果被强制约束，则这个约束将更新替换为新的 SRID；如果被强制类型定义，则强制类型定义改变。

2. 参数说明

UpdateGeometrySRID 函数的参数说明如表 4-1 所示。

表 4-1　UpdateGeometrySRID 函数的参数说明

参　数	类　型	说　　明
schema_name	varchar	存储表的模式名称
table_name	varchar	表的名称
column_name	varchar	几何列的名称
srid	integer	用于更新的 SRID

3. 实战操作

(1) 创建一个空的点几何表。

```
CREATE TABLE my_schema.point(id int);
SELECT AddGeometryColumn('my_schema','point','geom',4326,'point',2);
```

(2) 运用 UpdateGeometrySRID 函数,将西安 80 坐标系(4610)作为新的空间参照替换 WGS84(4326)坐标系,如图 4-1 所示。

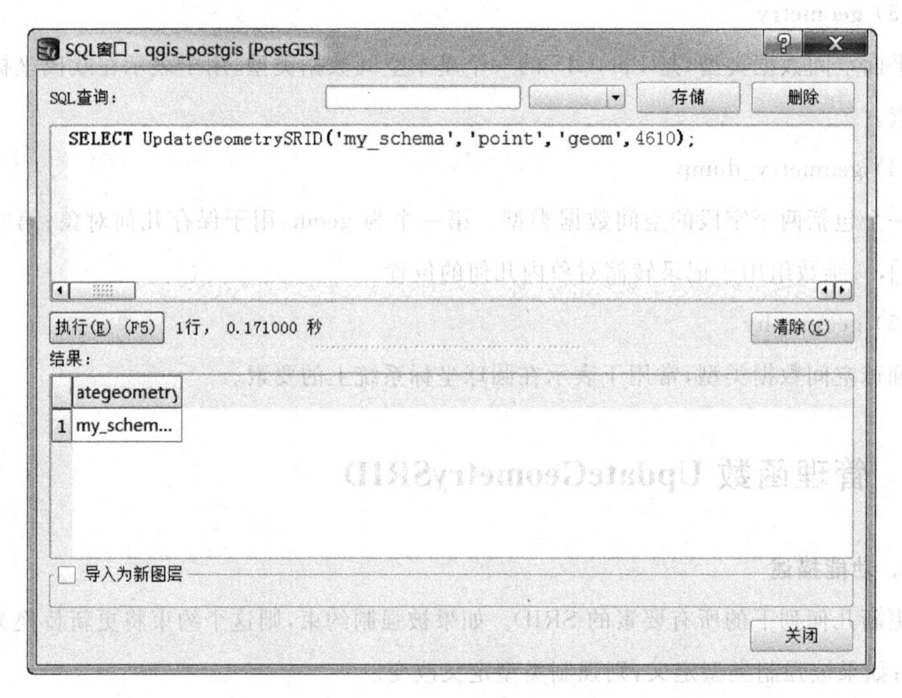

图 4-1　UpdateGeometrySRID 函数运用代码

(3) 结果将生成空间参照编号为 4610 的空间表,如图 4-2 所示。

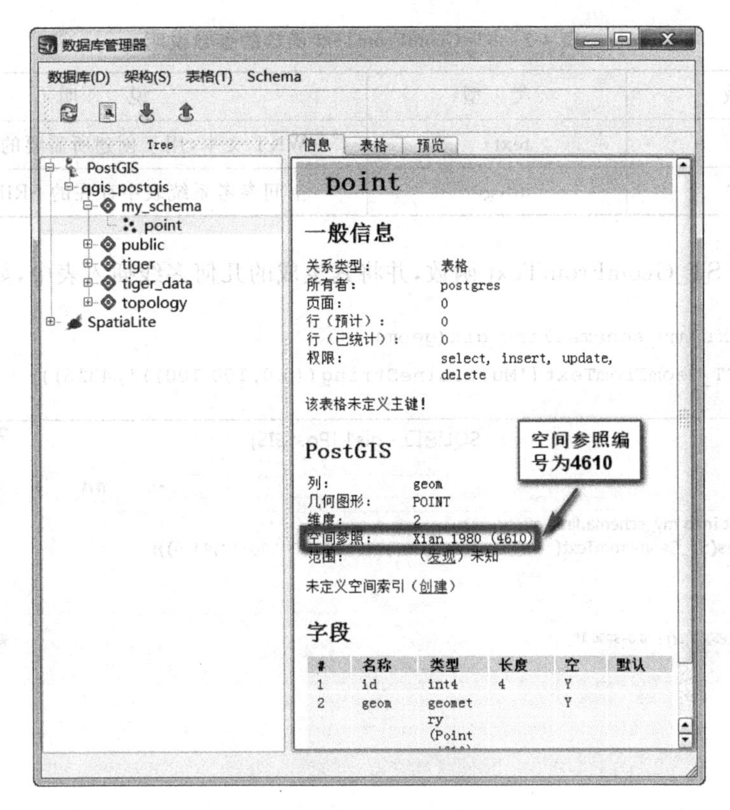

图 4-2 空间参照编号改变

4.3 几何构造函数

4.3.1 ST_GeomFromText

1. 功能描述

ST_GeomFromText 函数表示通过 WKT 创建一个几何对象。该函数共有两个重载项，第一个不需要提供 SRID，所以将返回一个未定义空间参考系统的几何对象；第二个需要提供 SRID，并作为元数据的一部分。SRID 必须是空间参考系统表中存在的。

2. 参数说明

ST_GeomFromText 函数的参数说明如表 4-2 所示。

3. 实战操作

(1) 创建一个空的多线几何表。

```
CREATE TABLE my_schema.line_gft(id int);
SELECT AddGeometryColumn('my_schema','line_gft','geom',4326,
'MultiLineString',2);
```

表 4-2 ST_GeomFromText 函数的参数说明

参数	类型	说明
WKT	text	WKT 文本，用于创建所需要的几何数据
SRID	integer	空间参考系统表中存在的 SRID

(2) 运用 ST_GeomFromText 函数，并将其生成的几何多线插入表中，如图 4-3 所示。

```
INSERT INTO my_schema.line_gft(geom)
VALUES(ST_GeomFromText('MultiLineString((0 0,100 100))',4326));
```

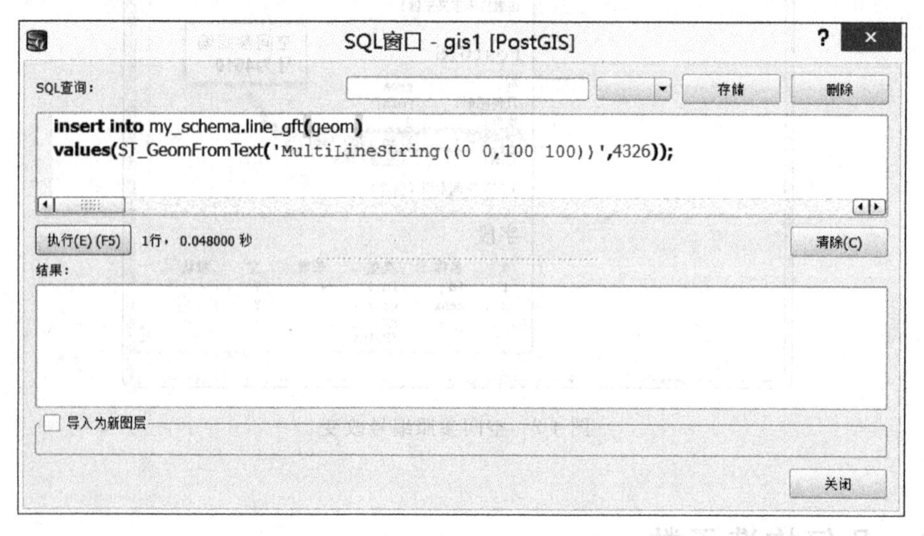

图 4-3 ST_GeomFromText 函数运用代码

(3) 结果将生成一个线几何图形，如图 4-4 所示。

4.3.2 ST_MakePolygon

1. 功能描述

通过给定的一个外壳构建一个多边形，并且输入的几何参数必须是一个闭合的线段。一个多边形有两项重载项，第一项重载项只需提供一个闭合的线段，第二项重载项需要给定一个外壳和一系列内部的孔。可以通过 ST_Accum 或者 PostgreSQL ARRAY[]和 ARRAY[]这几个函数进行构造，但是输入的几何集必须都是闭合的线段。

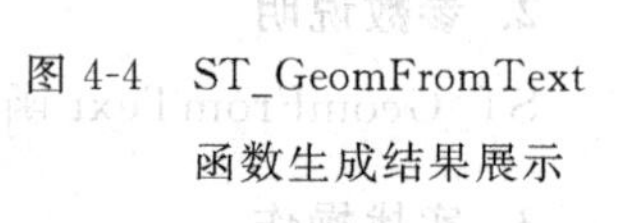

图 4-4 ST_GeomFromText 函数生成结果展示

2. 参数说明

ST_MakePolygon 函数的参数说明如表 4-3 所示。

表 4-3 ST_MokePolygon 函数的参数说明

参　　数	类　型	说　明
linestring	geometry	一个闭合的线段,用作创建面几何
interiorlinestrings	geometry[]	一个闭合线段的几何集,必须都在面几何的内部,用以设置面内部的孔,是一个可选参数

3. 实战操作

(1) 将一个闭合的线段导入到空间数据库中,如图 4-5 所示。

(2) 创建一个空的面几何表。

```
CREATE TABLE my_schema.polygon_mp(id int);
SELECT AddGeometryColumn('my_schema','polygon_mp','geom',4326,
'Polygon',2);
```

(3) 运用 ST_MakePolygon 函数,并将其生成的几何面插入表中,如图 4-6 所示。

```
INSERT INTO my_schema.polygon_mp(geom)
SELECT ST_MakePolygon(ST_GeometryN(geom,1))
FROM my_schema.line_mp
WHERE id=1;
```

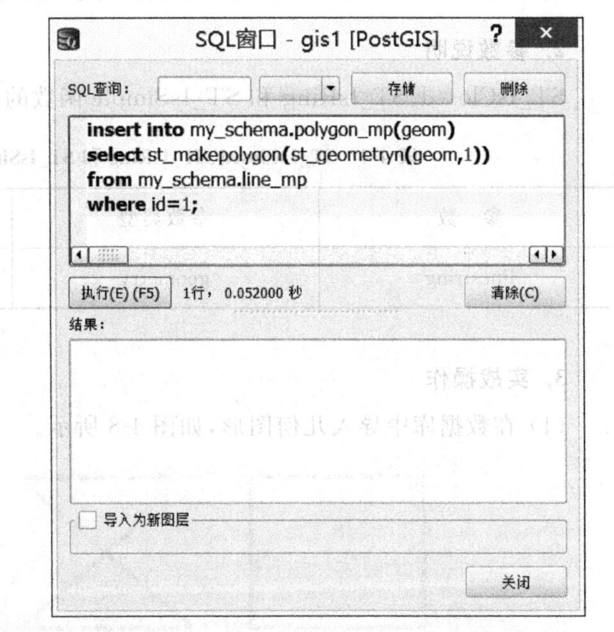

图 4-5　导入数据库的闭合线段　　　　图 4-6　ST_MakePolygon 函数运用代码

(4) 结果将生成一个面的几何图形,如图 4-7 所示。

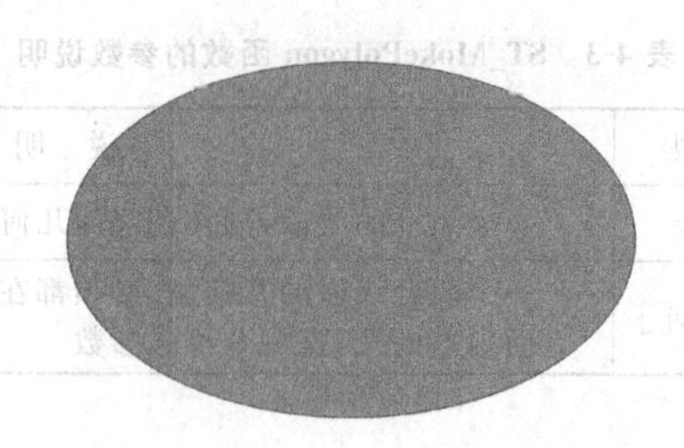

图 4-7　ST_MakePolygon 函数生成结果展示

4.4　几何读写函数

4.4.1　ST_IsClosed、ST_IsRing 和 ST_IsSimple

1. 功能描述

ST_IsClosed 用来判断线段的开始点和结束点是否闭合，如果闭合则返回 TRUE。

ST_IsRing 表示，如果这条线段封闭且结构单一，则返回 TRUE。

ST_IsSimple 表示，如果几何对象没有异常的几何点，如内部相交或相切，则返回 TRUE。

该方法主要用于区分闭合、交叉、闭合且交叉的几何图形。

2. 参数说明

ST_IsClosed、ST_IsRing 和 ST_IsSimple 函数的参数说明如表 4-4 所示。

表 4-4　ST_IsClosed、ST_IsRing 和 ST_IsSimple 函数的参数说明

参　数	参数类型	说　　明
linestring	geometry	用来识别的几何要素

3. 实战操作

(1) 在数据库中导入几何图形，如图 4-8 所示。

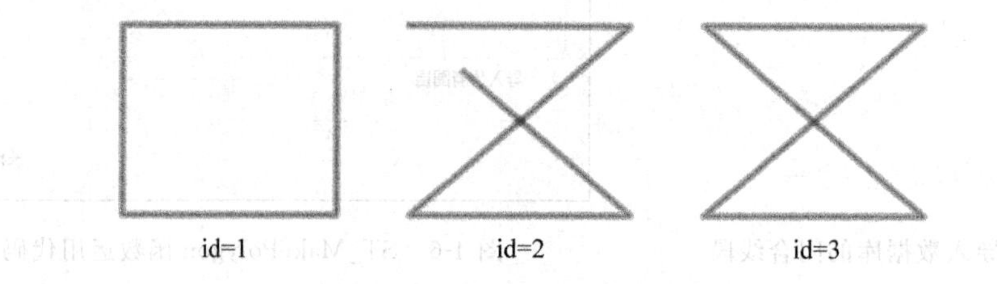

图 4-8　导入数据库的几何图形

(2) 运用函数对 id＝1 的线几何进行判断，如图 4-9 所示。

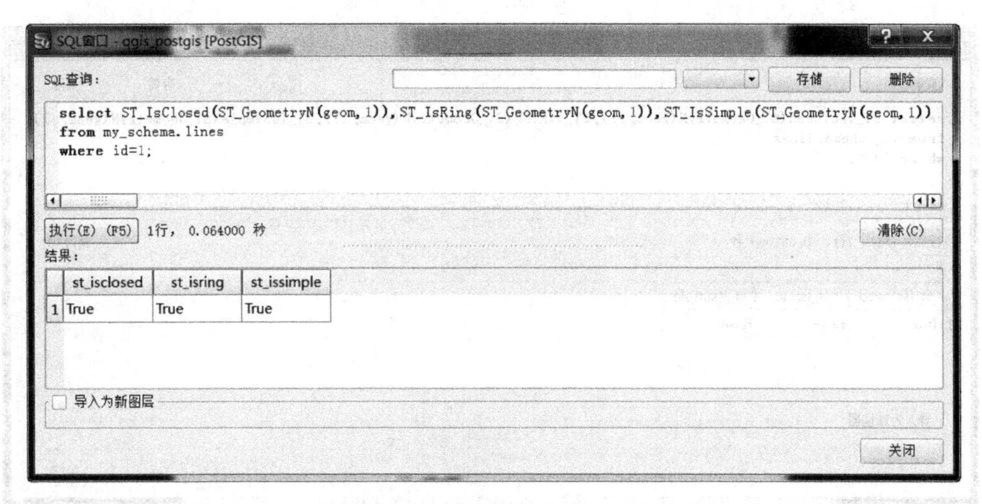

图 4-9 运用函数判断 id＝1 的线几何

```
SELECT ST_IsClosed(ST_GeometryN(geom,1)),
ST_IsRing(ST_GeometryN(geom,1)), ST_IsSimple(ST_GeometryN(geom,1))
FROM my_schema.lines
WHERE id=1;
```

(3) 运用函数对 id＝2 的线几何进行判断，如图 4-10 所示。

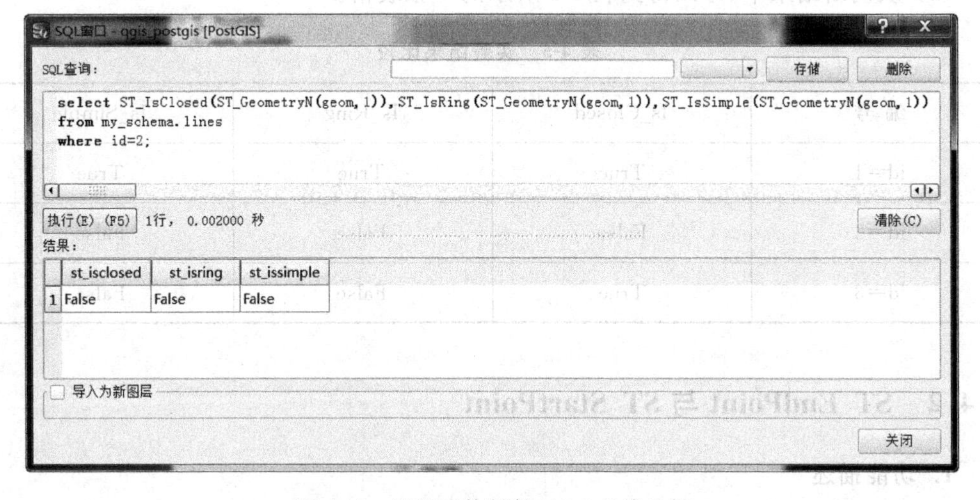

图 4-10 运用函数判断 id＝2 的线几何

```
SELECT ST_IsClosed(ST_GeometryN(geom,1)),
ST_IsRing(ST_GeometryN(geom,1)), ST_IsSimple(ST_GeometryN(geom,1))
FROM my_schema.lines
WHERE id=2;
```

(4) 运用函数对 id=3 的线几何进行判断，如图 4-11 所示。

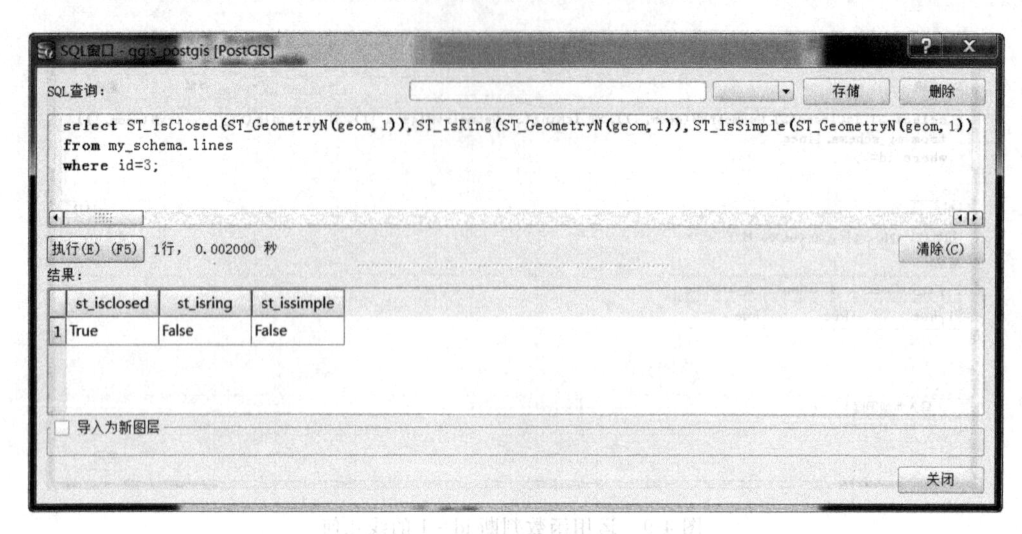

图 4-11 运用函数判断 id=3 的线几何

```
SELECT ST_IsClosed(ST_GeometryN(geom,1)),
ST_IsRing(ST_GeometryN(geom,1)), ST_IsSimple(ST_GeometryN(geom,1))
FROM my_schema.lines
WHERE id=3;
```

(5) 从判断结果中，可以得到表 4-5 所示的一张表格。

表 4-5 实验结果比较

编 号	Is_Closed	Is_Ring	Is_Simple
id=1	True	True	True
id=2	False	False	False
id=3	True	False	False

4.4.2 ST_EndPoint 与 ST_StartPoint

1. 功能描述

ST_EndPoint 表示返回一个点，它是线段几何的最后一个点。

ST_StartPoint 表示返回一个点，它是线段几何的起始点。

2. 参数说明

ST_EndPoint 和 ST_StartPoint 函数的参数说明如表 4-6 所示。

表 4-6 ST_EndPoint 和 ST_StartPoint 函数的参数说明

参 数	参数类型	说 明
linestring	geometry	用来识别起始点和终点的线段

3. 实战操作

(1) 在数据库中导入线几何，如图 4-12 所示。

(2) 创建一个空的多点几何表。

```
CREATE TABLE my_schema.changepoints(id int);
SELECT AddGeometryColumn ('my_schema','changepoints','geom',
4326,'POINT',2);
```

(3) 运用 ST_StartPoint 函数，并将其产生的起始点插入表中，如图 4-13 所示。

图 4-12 线几何图形

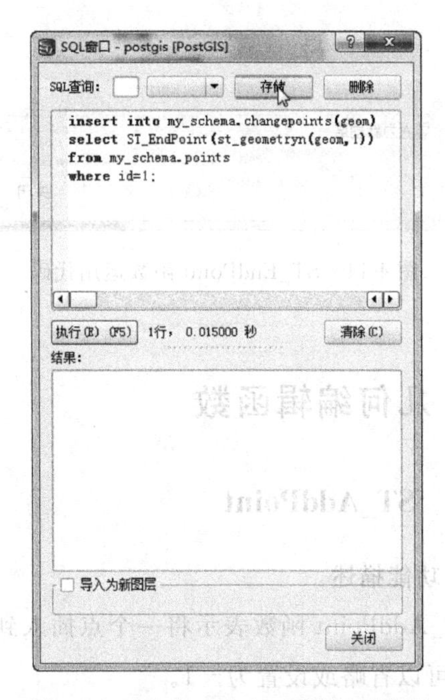

图 4-13 ST_StartPoint 函数运用代码

```
INSERT INTO my_schema.changepoints(geom)
SELECT ST_StartPoint(st_geometryn(geom,1))
FROM my_schema.points
WHERE id=1;
```

(4) 运用 ST_EndPoint 函数，并将其产生的终点插入表中，如图 4-14 所示。

```
INSERT INTO my_schema.changepoints(geom)
SELECT ST_EndPoint(st_geometryn(geom,1))
```

```
FROM my_schema.points
WHERE id=1;
```

(5) 结果将生成两个点的点几何，将线几何图形叠加上去，如图 4-15 所示，可以看出这两点即是线段的起始点和终点。

图 4-14　ST_EndPoint 函数运用代码

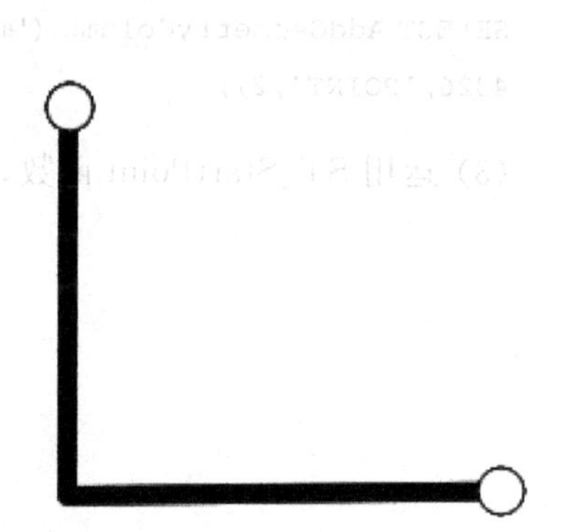

图 4-15　线段上的起始点和终点

4.5　几何编辑函数

4.5.1　ST_AddPoint

1. 功能描述

ST_AddPoint 函数表示将一个点插入到线的点集合位置前(以 0 为索引起点)。第三个参数可以省略或设置为－1。

2. 参数说明

ST_AddPoint 函数的参数说明如表 4-7 所示。

表 4-7　ST_AddPoint 函数的参数说明

参　数	类　型	说　　明
Line	geometry	输入用于插点的几何线
point	geometry	需要插入的几何点
position	integer	在线的该索引表示的位置前插入点，是一个可选的参数

3. 实战操作

(1) 在数据库中导入一条线几何,如图 4-16 所示。

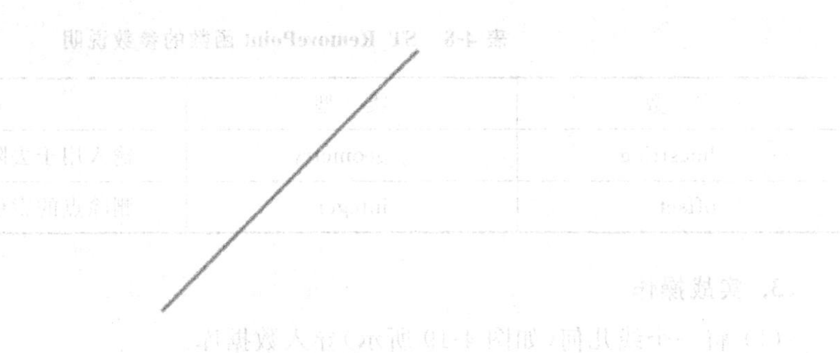

图 4-16　导入数据库中的几何线图形

(2) 运用 ST_AddPoint 函数对线几何图形进行处理,如图 4-17 所示。

```
UPDATE my_schema.line_ap
SET geom= ST_Multi(ST_AddPoint(ST_GeometryN(geom,1),
ST_GeomFromText('POINT(0 100)',4326),0))
WHERE id=1;
```

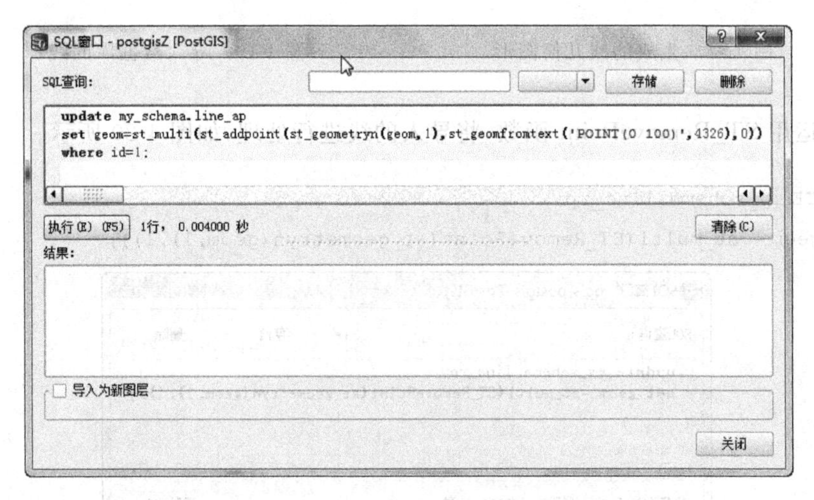

图 4-17　ST_AddPoint 函数运用代码

(3) 结果生成了一个由原几何线与线外一点构成的新的线几何图形,如图 4-18 所示。

4.5.2　ST_RemovePoint

1. 功能描述

ST_RemovePoint 函数表示将一条已有的线去除一个点后,该点两端的点连线,构成一条新的线。若其一端无点,则仅看为该点被除去。

2. 参数说明

ST_RemovePoint 函数的参数说明如表 4-8 所示。

表 4-8 ST_RemovePoint 函数的参数说明

参 数	类 型	说 明
linestring	geometry	输入用于去除点的线
offset	integer	删除点的索引位置

3. 实战操作

(1) 将一个线几何(如图 4-19 所示)导入数据库。

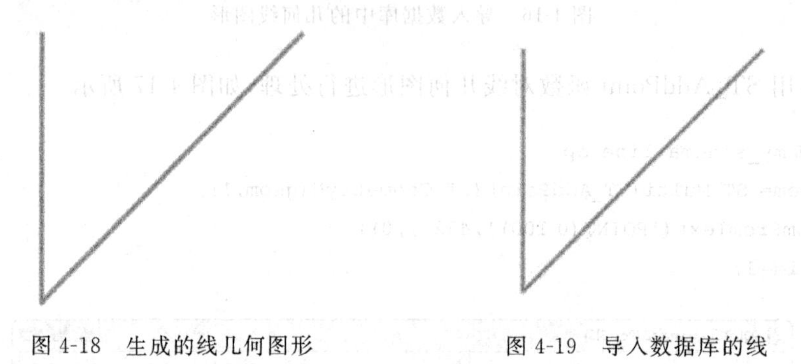

图 4-18 生成的线几何图形　　图 4-19 导入数据库的线

(2) 运用 ST_RemovePoint 函数，将导入的线进行处理，如图 4-20 所示。

```
UPDATE my_schema.line_rp
SET geom = st_multi(ST_RemovePoint(st_geometryn(geom,1),1));
```

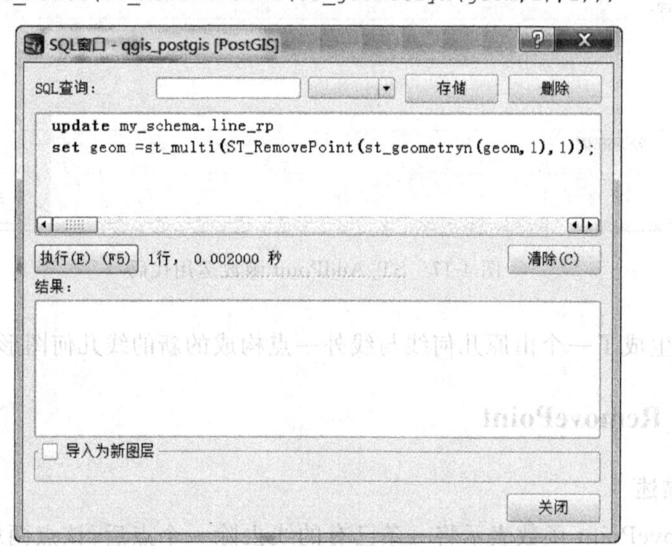

图 4-20 ST_RemovePoint 函数运用代码

(3) 结果将生成一个将原线几何图形中索引为 1 的点去掉的线几何图形，如图 4-21 所示。

图 4-21 ST_RemovePoint 函数生成结果展示

4.6 几何输出函数 ST_AsText

1. 功能描述

ST_AsText 函数用于将一个不含 SRID 元数据的几何对象用 Text 文本格式表现出来，用以得到该图形准确的文字信息。

2. 参数说明

ST_AsText 函数的参数说明如表 4-9 所示。

表 4-9 ST_AsText 函数的参数说明

参数	类型	说　明
GeomA	geometry	输入用于得出文本内容的几何对象

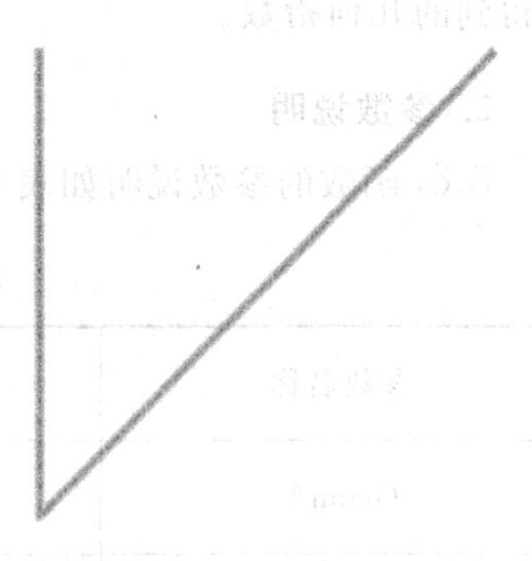

图 4-22 导入数据库的几何图形

3. 实战操作

(1) 导入数据库的一个几何图形，如图 4-22 所示。

(2) 运用 ST_AsText 函数，处理该图形并生成文本表达，如图 4-23 所示。

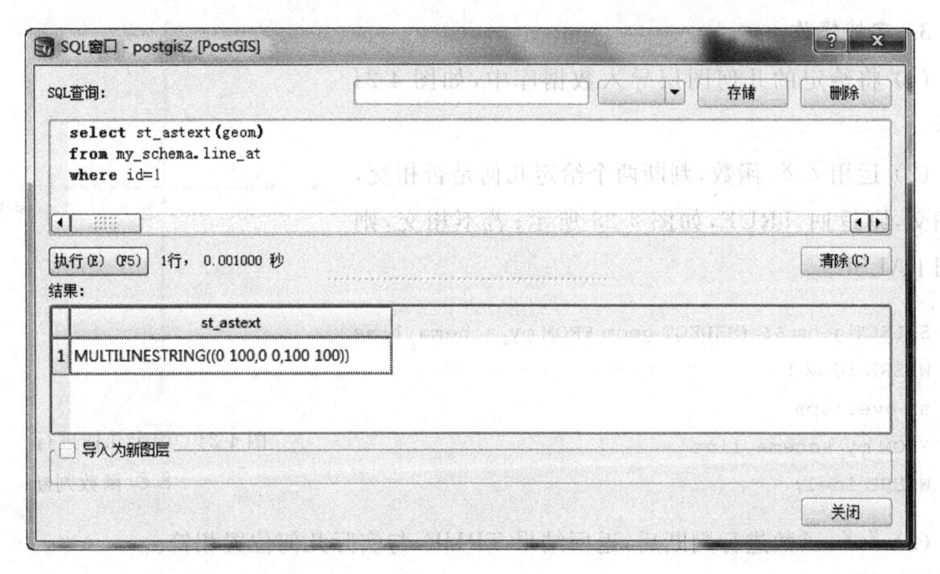

图 4-23 ST_AsText 函数运用代码

```
SELECT ST_AsText(geom)
FROM my_schema.line_at
WHERE id=1;
```

(3) 结果得出的文本表达是 MULTILINESTRING((0 100,0 0,100 100)),说明该几何是多线几何。

4.7 运算符函数 &&

1. 功能描述

&& 函数表示当两个几何的二维边界框相交时,返回值为 TRUE。它将会利用所有可得到的几何指数。

2. 参数说明

&& 函数的参数说明如表 4-10 所示。

表 4-10 && 函数的参数说明

参数名称	类 型	说 明
GeomA	geometry	给定用于进行函数判断的几何 A
GeomB	geometry	给定用于进行函数判断的几何 B

3. 实战操作

(1) 将给定的几何图层导入数据库中,如图 4-24 所示。

(2) 运用 && 函数,判断两个给定几何是否相交,若相交,则返回 TRUE,如图 4-25 所示;若不相交,则返回 FALSE。

```
SELECT geom && (SELECT geom FROM my_schema.line
WHERE id=2 )
as overlaps
FROM my_schema.line
WHERE id=1;
```


图 4-24 给定几何进行 && 函数判断

(3) && 函数进行判断后,返回结果 TRUE,与实际几何位置相符。

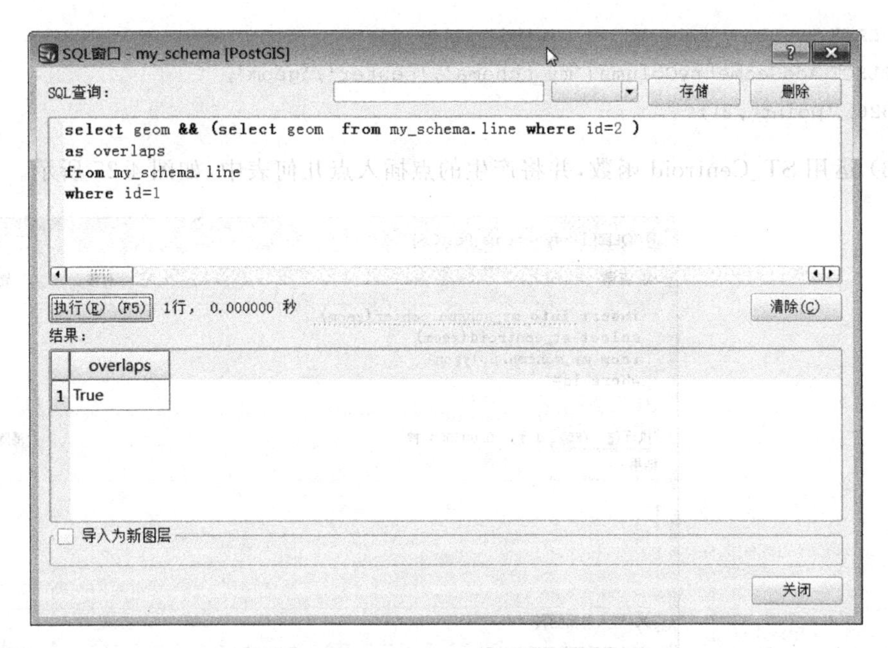

图 4-25 && 函数运用代码

4.8 空间关系与量测

4.8.1 ST_Centroid

1. 功能描述

计算一个几何图形的几何中心,或者说,几何的重心点。如果几何是多点集合,它便会输出点坐标的平均值。如果是多线段,便计算线段的重均长度。如果是多面几何,重心便是用区域衡量。如果给定几何是空的,则会返回空的几何集合。如果不给定几何,则返回 NULL。中心相当于几何组件集最高维度的质心。

2. 参数说明

ST_Centroid 函数的参数说明如表 4-11 所示。

表 4-11 ST_Centroid 函数的参数说明

参数名称	类 型	说 明
g1	geometry	给定的需要计算中心的几何

3. 实战操作

(1) 将给定的几何图层导入数据库中,如图 4-26 所示。

(2) 创建一个空的点几何表。

```
CREATE TABLE my_schema.center(id int);
SELECT AddGeometryColumn('my_schema','center','geom',
4326, 'point',2);
```

(3) 运用 ST_Centroid 函数,并将产生的点插入点几何表中,如图 4-27 所示。

图 4.26 给定需要计算中心的几何

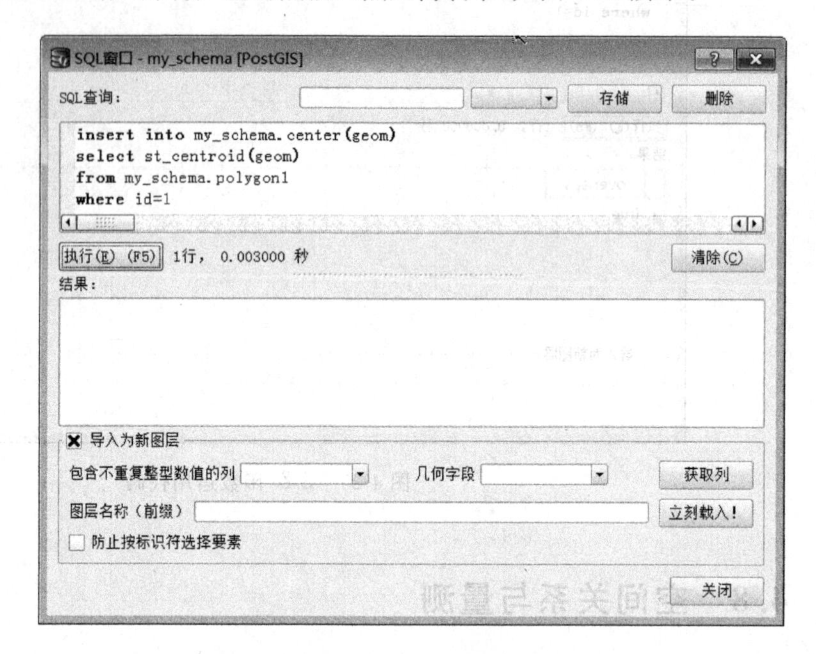

图 4-27 ST_Centroid 函数运用代码

```
INSERT INTO my_schema.center(geom)
SELECT ST_Centroid(geom)
FROM my_schema.polygon1
WHERE id=1;
```

(4) 结果将生成一个点几何图形,位于几何对象的几何中心,如图 4-28 所示。

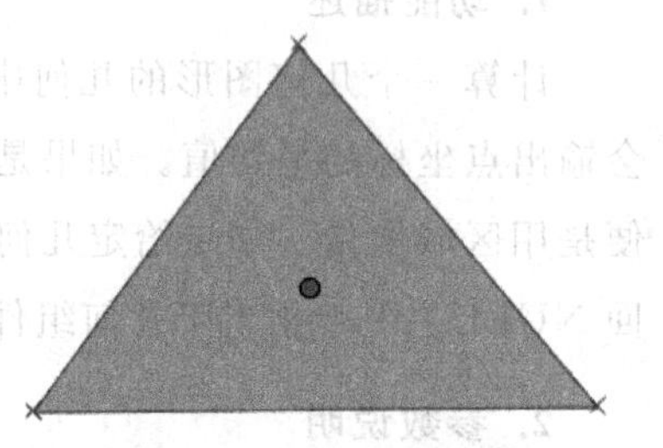

图 4-28 生成的几何中心

4.8.2 ST_ClosestPoint

1. 功能描述

ST_ClosestPoint 函数用于返回几何 1 上距离几何 2 最近的那个点。如果几何是三维的,那么最好使用 ST_3DClosestPoint 函数。

2. 参数说明

ST_ClosestPoint 函数的参数说明如表 4-12 所示。

表 4-12　ST_ClosestPoint 函数的参数说明

参数名称	类　型	说　明
g1	geometry	用于寻找最近点的几何
g2	geometry	用于比较的几何

3. 实战操作

(1) 将给定的几何图层导入数据库中,如图 4-29 所示。

(2) 创建一个空的点几何表。

```
CREATE TABLE my_schema.closestpoint(id
int);
SELECT AddGeometryColumn('my_schema',
'closestpoint','geom',
4326,'Point',2);
```

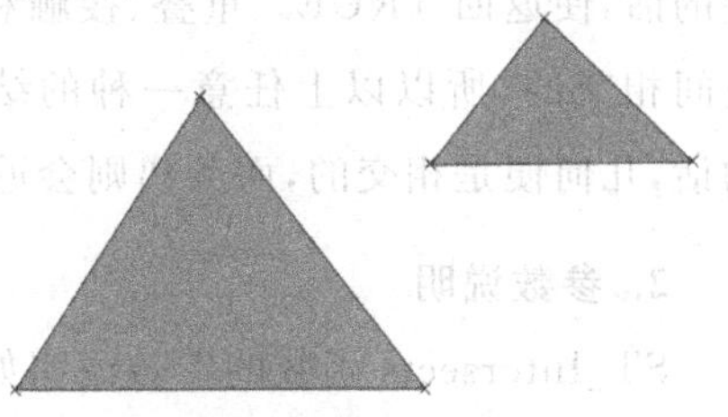

图 4-29　给定用于函数执行的两个面几何

(3) 运用 ST_ClosestPoint 函数,并将其产生的点几何插入创建的表中,如图 4-30 所示。

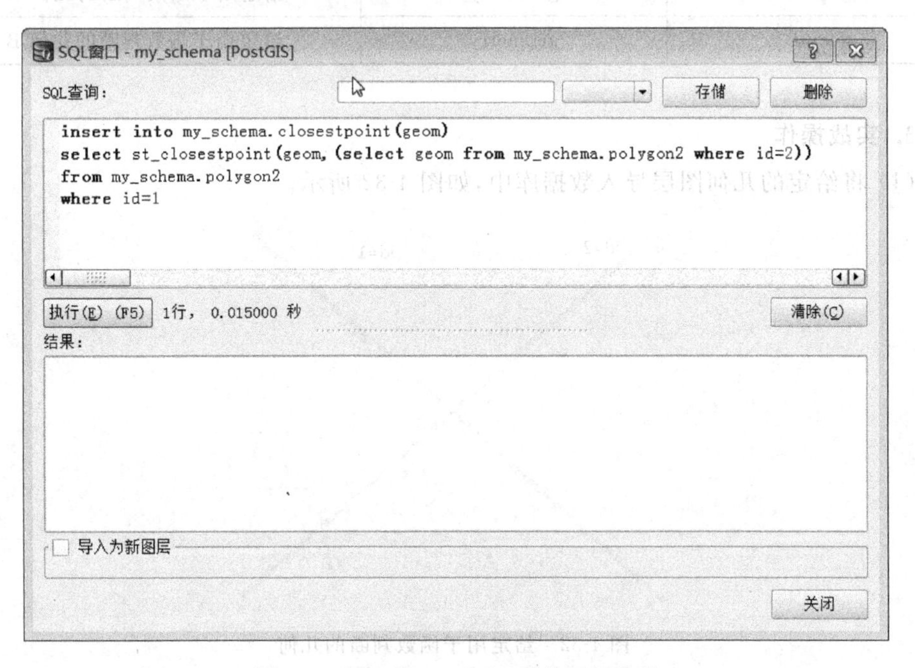

图 4-30　ST_ClosestPoint 函数运用代码

```
INSERT INTO my_schema.closestpoint(geom)
SELECT ST_ClosestPoint(geom,(SELECT geom FROM my_schema.polygon2
WHERE id=2))
FROM my_schema.polygon2
```

```
WHERE id=1;
```

(4) 结果将生成一个点几何图形,如图 4-31 所示。

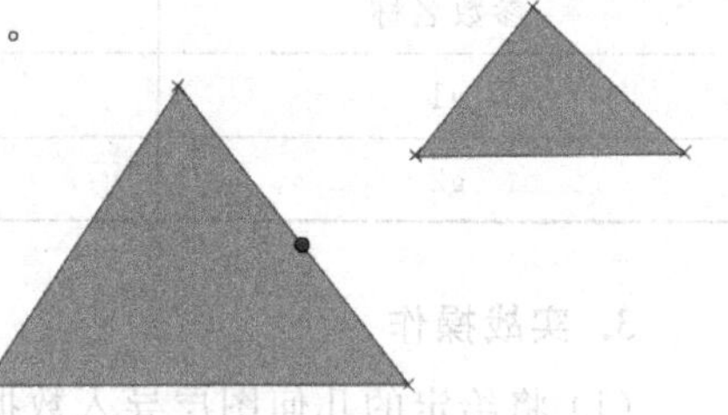

图 4-31 ST_ClosestPoint 函数结果图

4.8.3 ST_Intersects

1. 功能描述

ST_Intersects 函数表示当几何图形有空间重叠的话,便返回 TRUE。重叠、接触和包含都表示空间相交的,所以以上任意一种的结果是 TRUE 的话,几何便是相交的,而分离则会返回 FALSE。

2. 参数说明

ST_Intersects 函数的参数说明如表 4-13 所示。

表 4-13 ST_Intersects 函数的参数说明

参数名称	类　型	说　明
geomA	geometry	给定用于函数判断的几何 A
geomB	geometry	给定用于函数判断的几何 B

3. 实战操作

(1) 将给定的几何图层导入数据库中,如图 4-32 所示。

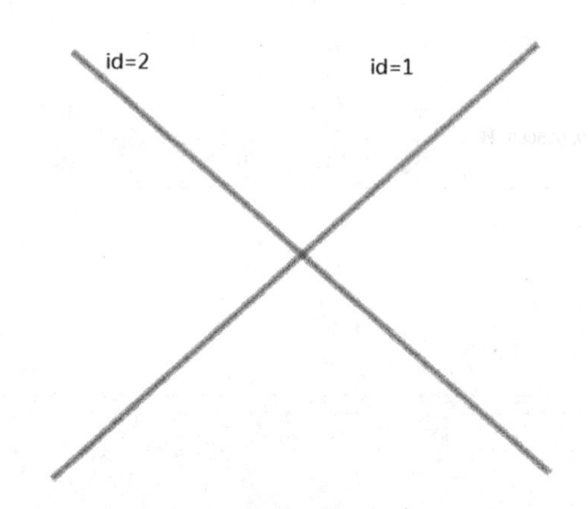

图 4-32 给定用于函数判断的几何

(2) 运用 ST_Intersects 函数对几何进行是否相交的判断,若相交,则返回 TRUE,如图 4-33 所示。

```
SELECT ST_Intersects(geom, (SELECT geom FROM my_schema.line
WHERE id= 2))
FROM my_schema.line
```

```
WHERE id=1;
```

(3) ST_Intersects 函数执行后结果返回 TRUE,与实际图形位置关系相符,表示两个几何图形相交。

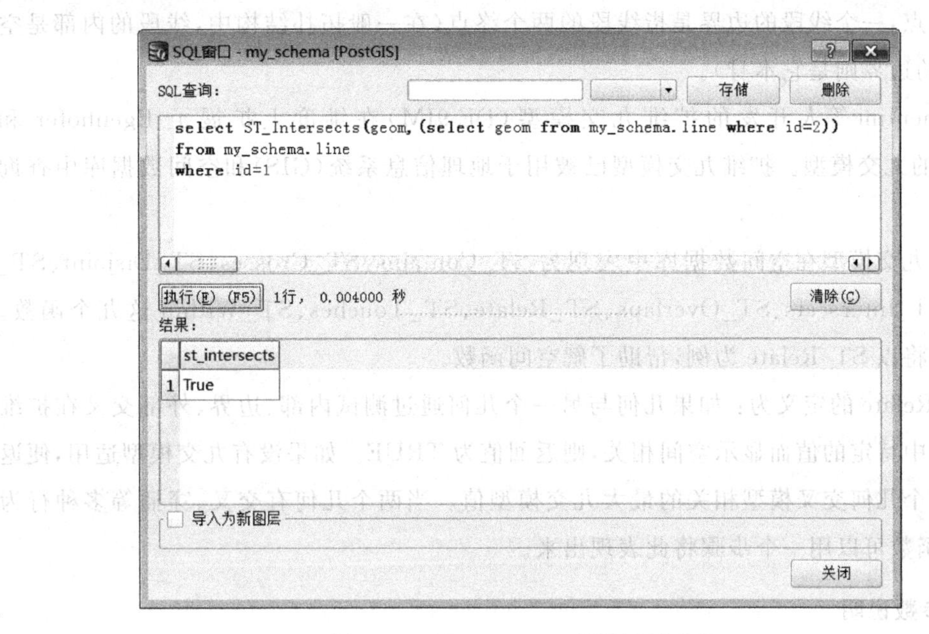

图 4-33　ST_Intersects 函数运用代码

4.8.4　ST_Relate

1. 功能描述

扩维九交模型是一种判断拓扑关系的模型,也是用来描述点、线、面空间关系的标准方法。扩维九交模型是基于一个 3×3 的交叉矩阵:

$$\mathrm{DE9IM}(a,\mathrm{b})=\begin{bmatrix}\dim\ (\mathrm{I(a)}\cap\mathrm{I(b)}) & \dim\ (\mathrm{I(a)}\cap\mathrm{B(b)}) & \dim\ (\mathrm{I(a)}\cap\mathrm{E(b)})\\ \dim\ (\mathrm{B(a)}\cap\mathrm{I(b)}) & \dim\ (\mathrm{B(a)}\cap\mathrm{B(b)}) & \dim\ (\mathrm{B(a)}\cap\mathrm{E(b)})\\ \dim\ (\mathrm{E(a)}\cap\mathrm{I(b)}) & \dim\ (\mathrm{E(a)}\cap\mathrm{B(b)}) & \dim\ (\mathrm{E(a)}\cap\mathrm{E(b)})\end{bmatrix}$$

其中,dim 是几何 a 和 b 内部(I)、边界(B)、外部(E)相交(∩)的最大维度。

模式矩阵包含每个交集矩阵单元的可接受值。可用的模式值如下:

−1:不存在空间相交;

0:空间相交的维度是 0(即存在点或者点集相交);

1:空间相交的维度是 1(即存在线或者线集合相交);

2:空间相交的维度是 2(即存在面或者面集合相交)。

矩阵提供了一种几何关系的分类方法。大致说来,有真/假矩阵域和 512 个可能的二维拓扑关系,可归纳为二元分类方案。在语言描述中大约有 10 个方案(关系),有一个相对应的名词来反映它们的语义(如“相交”、“接触”、“等于”等)。

值得注意的是,文中所提及的内部和边界是在代数拓扑和流形理论的意义上使用的,而不是在一般拓扑结构的意义上使用的。例如,一个线段的内部我们指的是线段本身但不包括终点,一个线段的边界是指线段的两个终点(在一般拓扑结构中,线段的内部是空的,线段的边界则是它本身)。

Clementini 等人开发的扩维九交模型(DE-9IM)在维度上扩展了 Egenhofer 和 Herring 的九交模型。扩维九交模型已被用于地理信息系统(GIS)和空间数据库中查询和判断。

扩维九交模型在空间数据库中表现为 ST_Contains、ST_Crosses、ST_Disjoint、ST_Equals、ST_Intersects、ST_Overlaps、ST_Relate、ST_Touches、ST_Within 这九个函数。本次实验将以 ST_Relate 为例,帮助了解空间函数。

ST_Relate 的定义为:如果几何与另一个几何通过测试内部、边界、外部交叉在扩维九交模型中特定的值而显示空间相关,则返回值为 TRUE。如果没有九交模型适用,便返回与这两个几何交叉模型相关的最大九交模型值。当两个几何有交叉、穿插等多种行为时,这个函数可以用一个步骤将此表现出来。

2. 参数说明

ST_Relate 函数的参数说明如表 4-14 所示。

表 4-14　ST_Relate 函数的参数说明

参数名称	类　型	说　　明
geomA	geometry	给定用于函数判断的几何 A
geomB	geometry	给定用于函数判断的几何 B
intersectionMatrixPattern	text	九交模型值

3. 实战操作

(1) 将给定的几何图层导入数据库中,如图 4-34 所示。

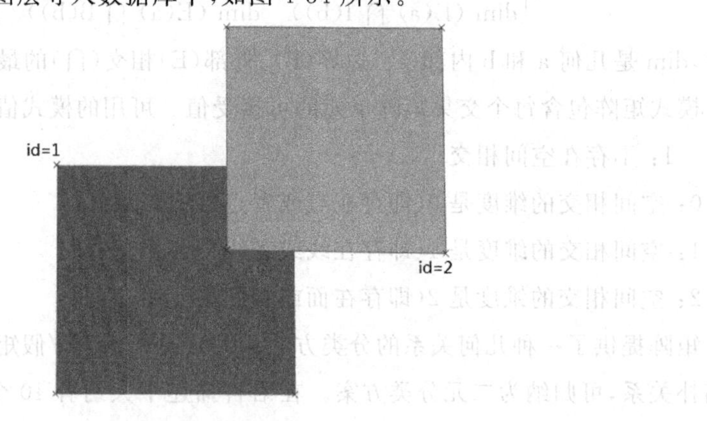

图 4-34　给定用于函数判断的几何

(2) 运用 ST_Relate 函数对几何图形进行判断,结果如图 4-35 所示。

```
select ST_Relate(geom,(select geom from my_schema.polygon where id=2))
from my_schema.polygon
where id=1;
```

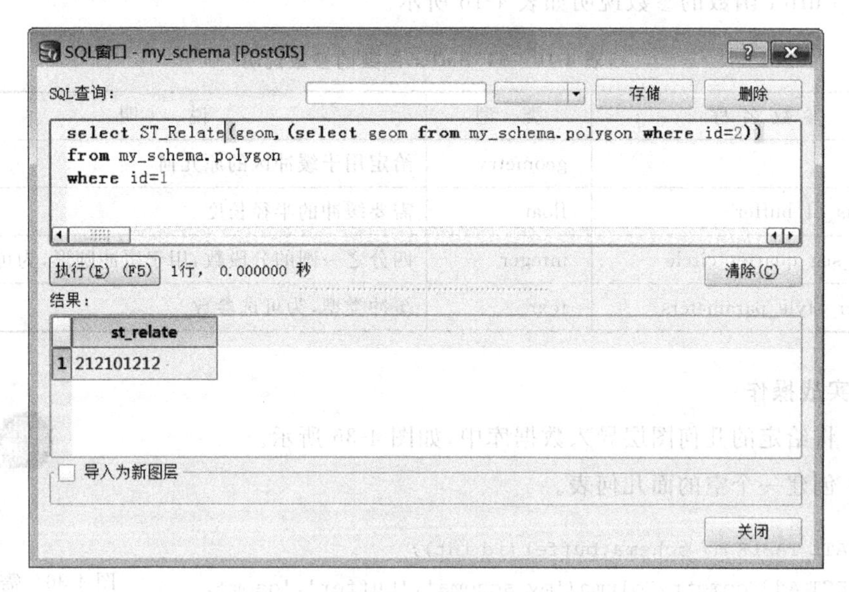

图 4-35　ST_Relate 函数运用代码及结果

(3) 返回的值为 212101212,可以知道它们的九交矩阵如表 4-15 所示。

表 4-15　九交矩阵

编　号		id=1		
		内部	边界	外部
id=2	内部	2	1	2
	边界	1	0	1
	外部	2	1	2

4.9　几何处理函数

4.9.1　ST_Buffer

1. 功能描述

在几何类型中,返回一个几何图形对象,该对象表示所有与 geometry 实例的距离小于或等于指定值的点的并集。计算使用几何空间参考系统。在地理类型中,将外表面转化为二维形态。但在对多边形进行操作时,函数可能会将多边形进行收缩而不是单单只是扩张。有时人们进行半径研究时可能会用到 ST_Buffer 函数，但其实速度将会很慢并且毫无意义，半径研究时最好使用 ST_DWithin 函数。

2. 参数说明

ST_Buffer 函数的参数说明如表 4-16 所示。

表 4-16　ST_Buffer 函数的参数说明

参数名称	类　型	说　　明
g1	geometry	给定用于缓冲区的原几何
radius_of_buffer	float	需要缓冲的半径长度
num_seg_quarter_circle	integer	四分之一圆的分段数，用于缓冲圆形，为可选参数
buffer_style_parameters	text	缓冲类型，为可选参数

3. 实战操作

(1) 将给定的几何图层导入数据库中，如图 4-36 所示。

(2) 创建一个空的面几何表。

```
CREATE TABLE my_schema.buffer(id int);
SELECT AddGeometryColumn('my_schema','buffer','geom',
4326,'polygon',2);
```

图 4-36　需要缓冲的原几何

(3) 运用 ST_Buffer 函数，并将其产生的面几何插入创建的表中，如图 4-37 所示。

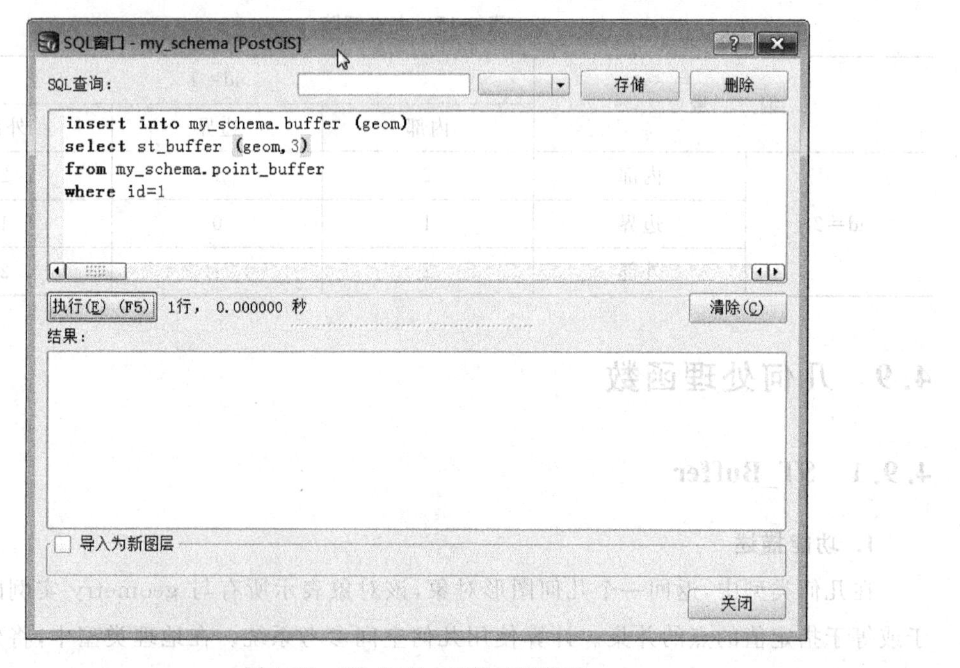

图 4-37　ST_Buffer 函数运用代码

```
INSERT INTO my_schema.buffer (geom)
SELECT st_buffer (geom,3)
FROM my_schema.point_buffer
WHERE id=1;
```

(4) 结果将产生缓冲多边形，如图 4-38 所示。

图 4-38 ST_Buffer 生成缓冲区结果图

4.9.2 ST_Intersection

1. 功能描述

返回一个几何，它代表几何 A 和几何 B 的共享部分。

如果两个几何没有交集，则将会返回一个空的几何集合。如果你想返回落在一个国家或地区利益圈之内的几何图形，可以用利益圈的几何的包围盒、缓冲区、查询区域裁剪下所要得到的几何图形，ST_Intersection 与 ST_Intersects 相结合将会非常有用。

2. 参数说明

ST_Intersection 函数的参数说明如表 4-17 所示。

表 4-17 ST_Intersection 函数的参数说明

参数名称	类　型	说　　明
geomA	geometry	给定的用于函数执行的几何 A
geomB	geometry	给定的用于函数执行的几何 B

3. 实战操作

(1) 将给定的几何图层导入数据库，如图 4-39 所示。

(2) 创建一个空的面几何表。

```
CREATE TABLE my _ schema. intersection (id
int);
SELECT AddGeometryColumn (' my _ schema ',
'intersection','geom',
4326,'polygon',2);
```

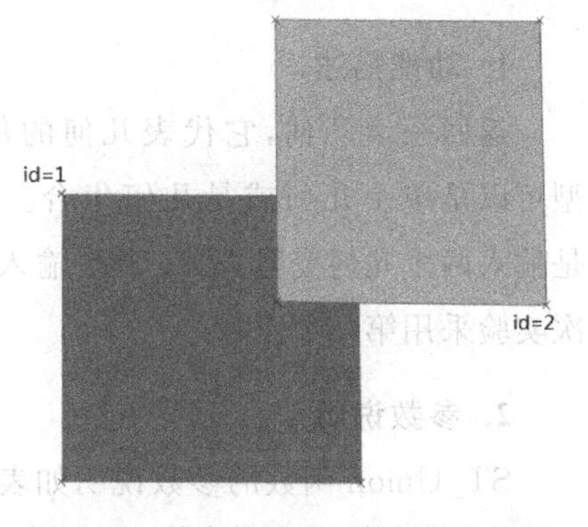

图 4-39 给定的用于函数判断的几何

(3) 运用 ST_Intersection 函数，并将其产生的面几何插入创建的表中，如图 4-40 所示。

```
INSERT INTO my_schema.intersection (geom)
SELECT ST_Intersection(geom, (SELECT geom FROM my_schema.polygon
WHERE id=2))
FROM my_schema.polygon
```

```
WHERE id=1;
```

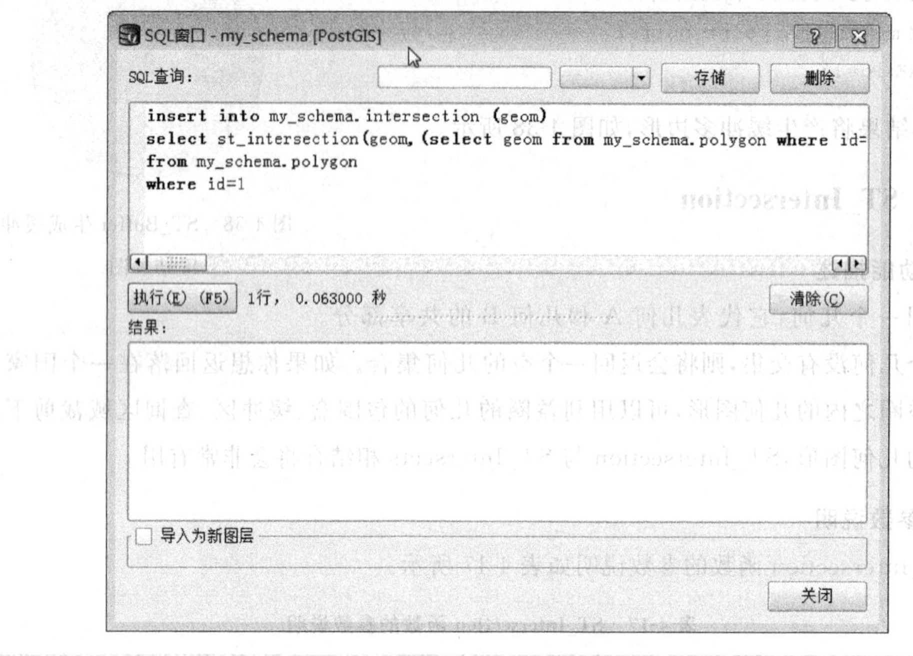

图 4-40 ST_Intersection 函数运用代码

(4) 结果将产生一个多边形几何，在两个多边形几何相交的位置，如图 4-41 所示。

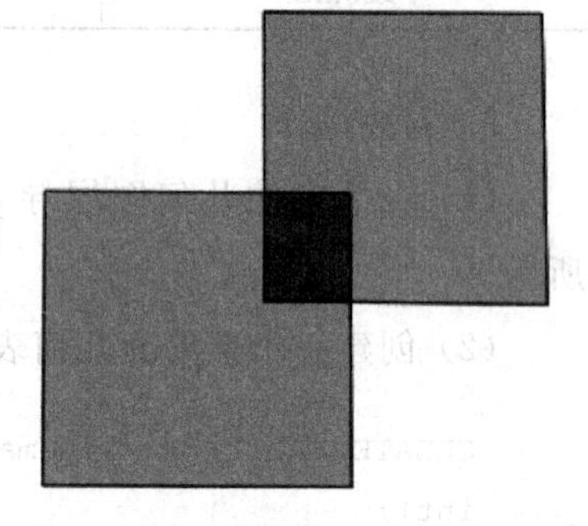

图 4-41 ST_Intersection 函数结果图

4.9.3 ST_Union

1. 功能描述

返回一个几何，它代表几何的集合。函数的输出类型可以是单个几何或是几何集合。它有两个重载，一个是输入两个几何变量，另一个是输入一个几何数据集，本次实验采用第一项重载。

2. 参数说明

ST_Union 函数的参数说明如表 4-18 所示。

表 4-18 ST_Union 函数的参数说明

参数名称	类　型	说　明
g1	geometry	给定的用于函数执行的几何 A
g2	geometry	给定的用于函数执行的几何 B

3. 实战操作

(1) 将给定的几何图层导入数据库中，如图 4-42 所示。

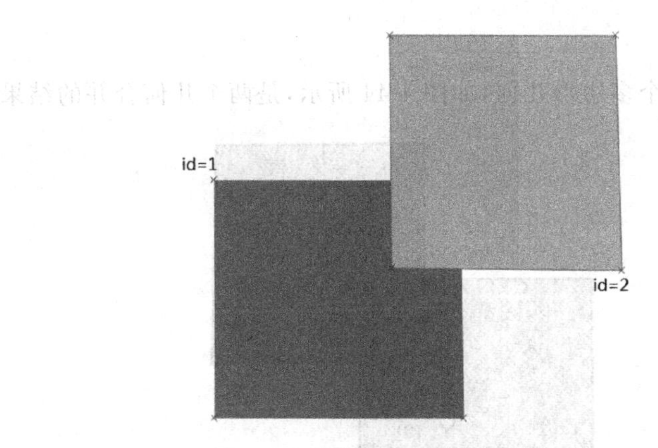

图 4-42　给定的用于函数执行的几何

(2) 创建一个空的面几何表。

```
CREATE TABLE my_schema.union(id int);
SELECT AddGeometryColumn('my_schema','union','geom',4326,'polygon',2);
```

(3) 运用 ST_Union 函数，并将其产生的面几何插入创建的表中，如图 4-43 所示。

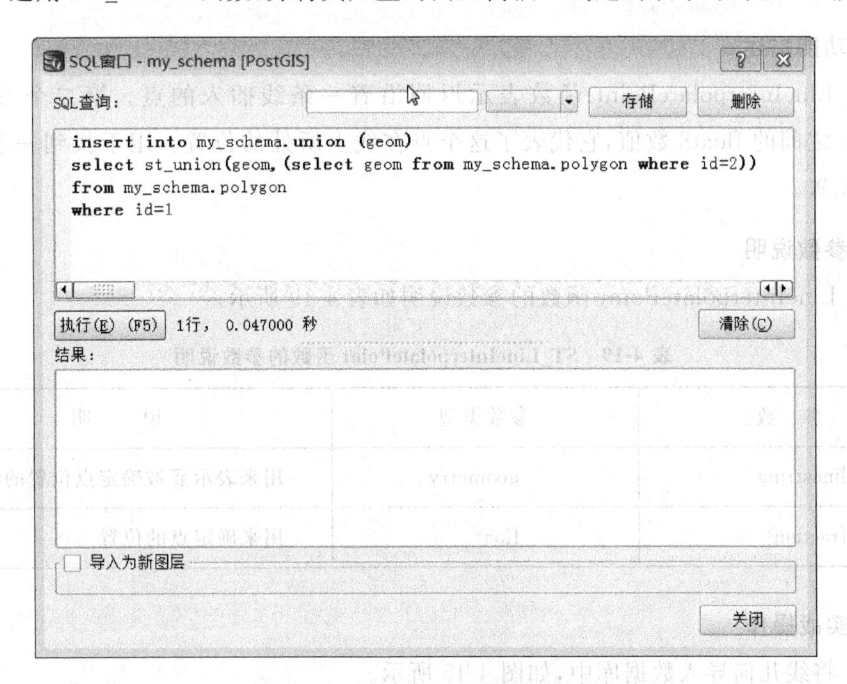

图 4-43　ST_Union 函数运用代码

```
INSERT INTO my_schema.union (geom)
SELECT ST_Union(geom,(SELECT geom FROM my_schema.polygon
WHERE id= 2))
FROM my_schema.polygon
```

```
WHERE id=1;
```

(4) 结果将产生一个多边形几何,如图 4-44 所示,是两个几何合并的结果。

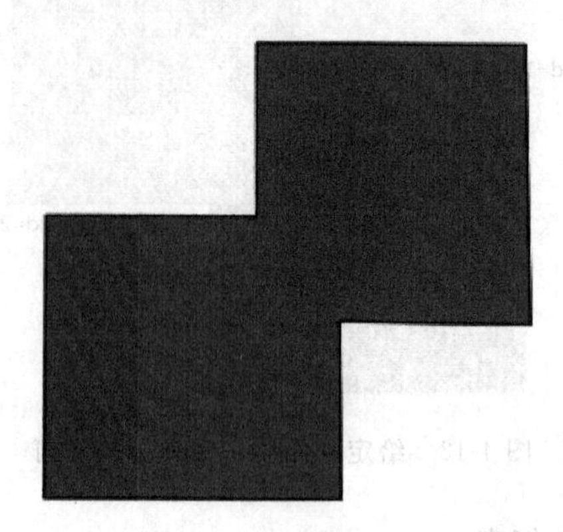

图 4-44 ST_Union 函数生成的几何结果图

4.10 线性参考函数 ST_LineInterpolatePoint

1. 功能描述

ST_LineInterpolatePoint 函数表示返回沿着一条线插入的点。第二个参数是一个 0 到 1 之间的 float8 数值,它代表了这个点在线上所处的位置。用于找到一条线段对应点的位置。

2. 参数说明

ST_LineInterpolatePoint 函数的参数说明如表 4-19 所示。

表 4-19 ST_LineInterpolatePoint 函数的参数说明

参 数	参数类型	说 明
linestring	geometry	用来表示要被确定点位置的线
fraction	float	用来确定点的位置

3. 实战操作

(1) 将线几何导入数据库中,如图 4-45 所示。

图 4-45 线几何图形

(2) 创建一个空的点几何表。

```
CREATE TABLE my_schema.changepoints(id int);
```

```
SELECT AddGeometryColumn ('my_schema','changepoints','geom',
4326,'POINT',2);
```

(3) 运用ST_LineInterpolatePoint函数，并将其产生的几何点插入创建的表中，如图4-46所示。

```
INSERT INTO my_schema.changepoints(geom)
SELECT ST_Line_Interpolate_Point(ST_GeometryN(geom,1),0.5)
FROM my_schema.line
WHERE id=1;
```

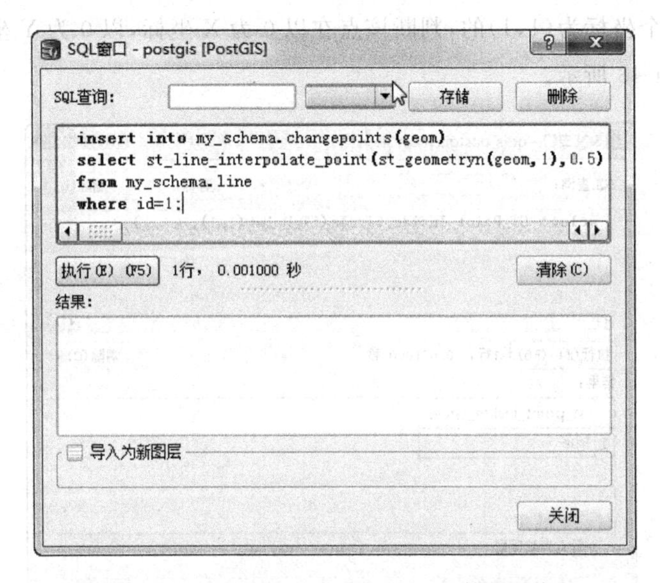

图4-46 ST_LineInterpolatePoint函数运用代码

(4) 由于所取的参数为0.5，因此结果显示为中点，如图4-47所示。

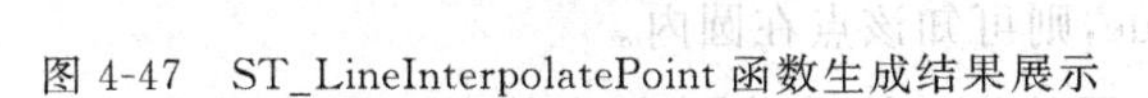

图4-47 ST_LineInterpolatePoint函数生成结果展示

4.11 杂类函数ST_Point_Inside_Circle

1. 功能描述

ST_Point_Inside_Circle函数是根据一个点的坐标和一个圆的圆心坐标及半径大小判断点是否在圆内。

2. 参数说明

ST_Point_Inside_Circle函数的参数说明如表4-20所示。

表 4-20 ST_Point_Inside_Circle 函数的参数说明

参　数	类　型	说　明
point	geometry	输入需要判断的几何点
center_x	float	圆心对应 X 轴的值
center_y	float	圆心对应 Y 轴的值
radius	float	圆的半径

3. 实战操作

(1) 新建一个坐标为(1,1)的,判断该点在以 0 为 X 坐标,以 0 为 Y 坐标,半径为 2 的圆的内部,如图 4-48 所示。

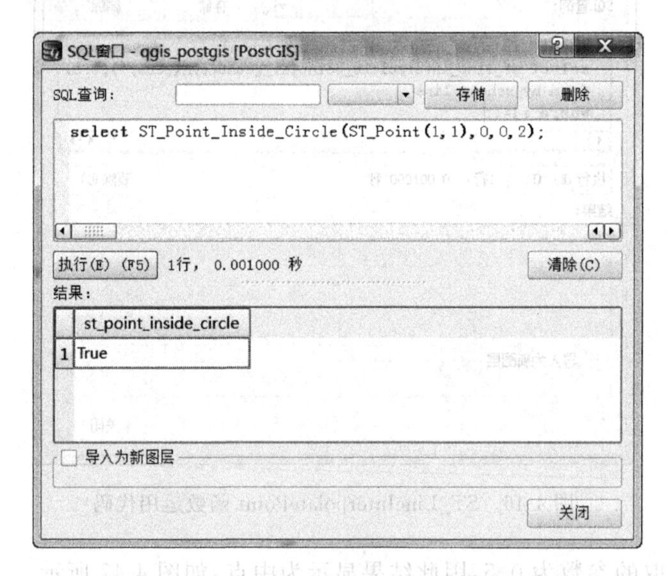

图 4-48　ST_Point_Inside_Circle 函数运用代码

(2) 结果为 True,则可知该点在圆内。

(3) 为验证点和圆的位置关系,创建相应的点和圆的图形,如图 4-49 所示,可知函数返回结果是正确的。

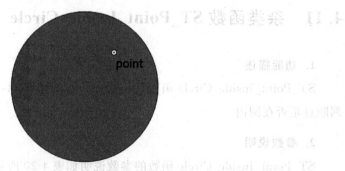

图 4-49　点和圆的位置关系

4.12 特殊函数 PostGIS_AddBBox

1. 功能描述

给几何对象加上一个边界框，使得检索该对象的速度得到提升，但是会增大其空间大小。边界框是自动添加到几何，所以一般是不需要添加的，除非产生的边界框变为损坏或缺乏边界框，这样你就需要放弃旧的，重新添加。

2. 参数说明

PostGIS_AddBBox 函数的参数说明如表 4-21 所示。

表 4-21 PostGIS_AddBBox 函数的参数说明

参 数	类 型	说 明
geomA	geometry	输入的用于加上边界框的任意几何对象

3. 实战操作

(1) 把一个几何对象 ps_addbbox 导入数据库中。

(2) 运用 PostGIS_AddBBox 函数对该几何对象进行处理，如图 4-50 所示。

图 4-50 Post_AddBBox 函数运用代码

```
UPDATE my_schema.ps_addbbox
SET geom=PostGIS_AddBBox(geom)
WHERE PostGIS_HasBBox(geom)=false;
```

(3) 结果将根据先前导入的几何对象是否有边界框，有则不加，没有则加上。

第5章　栅格数据空间SQL查询与分析操作

5.1　栅格数据管理

5.1.1　新建栅格数据

空间数据库使用中，都需要创建栅格数据表，实现这一功能有大量的方法，下面介绍的是常用步骤。

1. 新建栅格数据表

```
CREATE TABLE myRasters ( rid serial primary key , rast raster);
```

raster是空间数据库中的特殊类型，栅格类型。

2. 插入栅格数据行

```
INSERT INTO myRasters (rid,rast)
VALUES(1,ST_MakeEmptyRaster( 100, 100, 0.0005, 0.0005, 1, 1, 0, 0, 4326));
```

ST_MakeEmptyRaster函数用于新建栅格数据。

3. 栅格数据添加波段信息

```
UPDATE myRasters
SET rast=ST_AddBand(rast,
   ARRAY[ROW(1, '8BUI'::text, 231, NULL),
         ROW(2, '8BUI'::text, 141, NULL),
         ROW(3, '8BUI'::text, 129, NULL)]::addbandarg[])
WHERE rid=1;
```

ST_AddBand函数用于向栅格添加波段。

4. 创建空间索引

```
CREATE INDEX
ON myRasters
USING gist( ST_ConvexHull(rast) );
```

ST_ConvexHull函数生成源栅格的凸包，gist指GeneralizedSearchTrees是一种通用的索引搜索树结构。

5.1.2 导出栅格数据文件

PostGIS 没有易于使用的内置输出用的二进制文件，因此需要借助 PostgreSQL 提供的 Large Object（大对象）数据格式进行输出，具体实现步骤如下。

1. 创建 Large Object

```
SELECT oid, lowrite(lo_open(oid, 131072), jpg) As num_bytes
        FROM
        (VALUES(lo_create(0) ,
    ST_AsJPEG((SELECT rast from myrasters where rid=1)))
    )
    As v(oid, jpg);
```

脚本运行后将得到如表 5-1 所示的数据。

表 5-1　脚本运行结果

Oid	Num_bytes
25214	825

2. 利用 PSQL 导出文件

打开插件 psql Console，输入如下代码：

```
\lo_export 25214 D:/Red.jpg
```

25214 是在第一步中得到的 oid，唯一标识某个大对象。

5.1.3 导入空间数据库

栅格数据由像元构成，栅格单元的大小决定了栅格数据的精度，像元越小，则栅格数据越精确，然而高分辨率直接造成了栅格数据的数据量过大。因此，为了能更有效率地对栅格数据进行分析与研究，将其导入数据库并建立空间索引是很好的解决方案。

PostgreSQL 安装目录下的 bin 文件夹下的 raster2pgsql 应用程序能帮助我们快速地生成多种格式栅格数据导入空间数据库所需要的 SQL 脚本。表达式格式为：程序入口＋栅格处理参数＋栅格文件地址＋数据库表名＞输出脚本。其中栅格处理参数种类繁多，具体详见控制台参数表，表 5-2 为我们提供了参数名称及其含义。

在实际操作中，将硬盘内名为 DEM 的 TIFF 格式栅格图像导入数据库中，共分为两个步骤。

（1）在控制台中调用 bin 目录下的 raster2pgsql.exe，输入如下参数：

```
raster2pgsql-s 4236 -I -C -M F:\Temp\PostGIStest\DEM.tif -F- t 100x100 public.
```

```
demo>F:\Temp\demo.sql
```

表 5-2　PSQL 控制台参数表

参　数	参 数 说 明
-?	显示帮助
-G	打印支持的光栅格式
-c	创造新的表格并输入栅格(默认模式)
-a	现有的表中附加栅格
-d	删除原有的表,再次新建并输入栅格
-p	只有创建表,不输入栅格(准备模式)
-C	应用栅格约束,如 SRID,pixelsize 等,保证栅格的正确性
-x	在调用参数-C 的前提下才能使用,禁用设置最大程度约束
-r	在调用参数-C 的前提下,设置瓦片覆盖的空间唯一性
-s <SRID>	指定输出栅格的 SRID。如果未提供或为零,栅格数据将自行选择
-b BAND	指定需要放入数据库的波段(索引由 1 开始),默认为全波段
-t TILE_SIZE	指定单一数据行所代表的瓦片的宽度与高度,如果设置为 auto,则程序自动控制瓦片大小
-R, --register	将栅格数据作为一个文件型数据库存储。只有栅格的路径与栅格的元数据被存储在数据库中
-l OVERVIEW_FACTOR	创建栅格的 overview。多个因子间用逗号(,)隔开。overview 的表名为 o_overview factor_table。overview 存储在数据库中,并且不会受到-R 参数的影响。请注意,生成的 SQL 脚本将包含主表和 overview 表
-N NODATA	NODATA 值频段上使用不带 NODATA 的值
-q	PostgreSQL 在 quotes 中的标识符
-f COLUMN	栅格数据导入数据库后的栅格字段名,默认为 rast
-F	添加一个字段,用于存放原文件的名称
-I	为栅格数据列创建 Gist 空间索引
-M	更新栅格数据的统计信息
-T tablespace	指定新表的表空间。包括主键仍将使用默认的表空间,除非使用-X 标识符
-X tablespace	指定新索引的表空间。在使用了-I 标识符的前提下,主键与空间索引也获得相同设置
-Y	使用 copy 语句而不是 insert 语句
-e	单独执行每个语句,不要使用一个事务
-E ENDIAN	生成二进制的输出栅格。0 代表 XDR;1 代表 NDR。默认值为 1,现在只支持 NDR 输出

第一步的作用是设置输入栅格参数并生成 SQL 脚本，上述表达式规定了输入栅格的 SRID 为 4236，图像分割大小为 100 米×100 米，数据库中的表名为 demo，存储于 public 模式下。

(2) 在控制台中调用 bin 目录下的 psql. exe，输入如下参数：

```
-d MySpatialDataBase -f D:\demo.sql
```

第二步的作用是为输入数据指定数据库，然后运行上一步中生成的 SQL 脚本。其中在输入导入数据库的参数后，将会提示你输入数据库的口令，即你使用的数据库的密码，如图 5-1 所示。

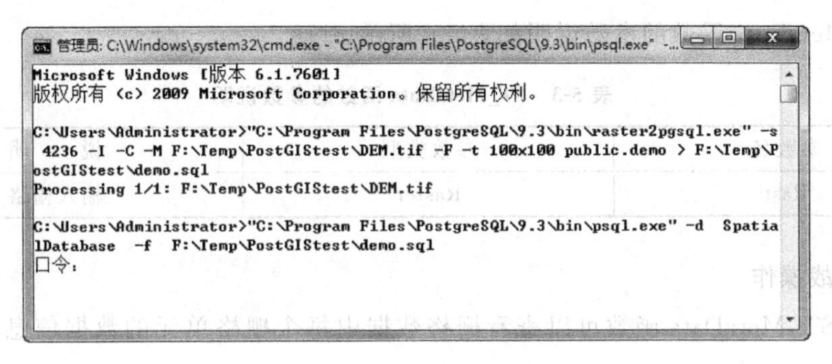

图 5-1 输入控制台语句

导入成功后，可以在 pgAdmin 中对应的数据库与模式下找到 tif 图像对应的表 demo，可以通过查看该表来确认数据是否存入。如图 5-2 所示是导入成功后的结果。

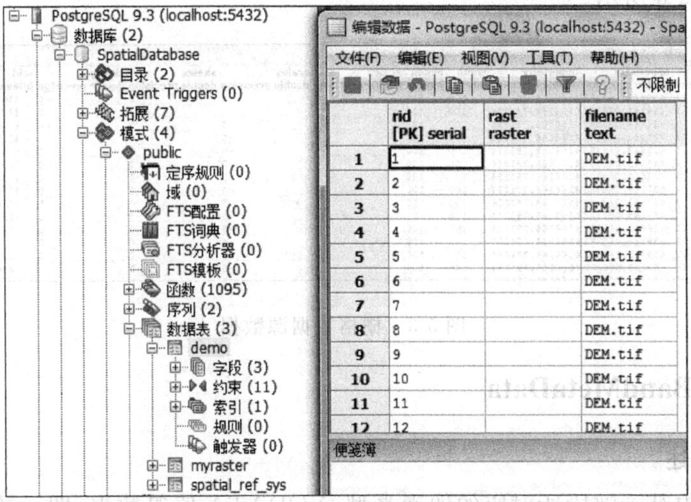

图 5-2 在数据库中查看新插入的栅格数据

5.2 栅格数据属性查询

5.2.1 ST_MetaData

1. 功能描述

返回空间数据表内所有栅格对象的位置信息、像素大小、偏转尺度、空间参考等数据，即元数据。

2. 参数说明

ST_MetaData 函数的参数说明如表 5-3 所示。

表 5-3 ST_MetaData 函数的参数说明

参数名	参数类型	说　明
Rast	Raster	输入栅格

3. 实战操作

利用 ST_MetaData 函数可以查看栅格数据中每个栅格单元的数据信息，具体代码如下：

```
SELECT rid, (foo.md).*
        FROM (SELECT rid, ST_MetaData(rast) As md FROM demo) As foo;
```

结果如图 5-3 所示。

数据输出 | 解释 | 消息 | 历史

	rid integer	upperleftx double precision	upperlefty double precision	width integer	height integer	scalex double precision	scaley double precision	skewx double precision	skewy double precision	srid integer	numbands integer
1	1	433643.068383	4166168.791234	100	100	5	-5	0	0	4236	1
2	2	434143.068383	4166168.791234	100	100	5	-5	0	0	4236	1
3	3	434643.068383	4166168.791234	100	100	5	-5	0	0	4236	1
4	4	435143.068383	4166168.791234	100	100	5	-5	0	0	4236	1
5	5	435643.068383	4166168.791234	100	100	5	-5	0	0	4236	1
6	6	436143.068383	4166168.791234	100	100	5	-5	0	0	4236	1
7	7	436643.068383	4166168.791234	100	100	5	-5	0	0	4236	1
8	8	437143.068383	4166168.791234	100	100	5	-5	0	0	4236	1
9	9	437643.068383	4166168.791234	100	100	5	-5	0	0	4236	1
10	10	438143.068383	4166168.791234	100	100	5	-5	0	0	4236	1
11	11	438643.068383	4166168.791234	100	100	5	-5	0	0	4236	1
12	12	439143.068383	4166168.791234	100	100	5	-5	0	0	4236	1
13	13	439643.068383	4166168.791234	100	100	5	-5	0	0	4236	1
14	14	440143.068383	4166168.791234	100	100	5	-5	0	0	4236	1

图 5-3 栅格数据源数据

5.2.2 ST_BandMetaData

1. 功能描述

返回栅格内某一波段所对应的像素类型，NODATA 值等数据，即元数据。如果调用时没有指定波段，则默认选择第一波段。

2. 参数说明

ST_BandMetaData 函数的参数说明如表 5-4 所示。

表 5-4　ST_BandMetaData 函数的参数说明

参数名称	参数类型	说　明
rast	raster	输入栅格
bandnum	integer	指定波段位置

3. 实战操作

空间数据表 demo 中的栅格数据是某地的高程数据，高程数据是单波段的，因此不需要选择波段，具体代码如下：

```
SELECT rid, (foo.md).*
FROM (SELECT rid, ST_BandMetaData(rast,1) As md
FROM dummy_rast WHERE rid=2) As foo;
```

结果如图 5-4 所示。

数据输出　解释　消息　历史

	rid integer	pixeltype text	nodatavalue double precision	isoutdb boolean	path text
1	1	32BF	-3.402823060737le+038	f	
2	2	32BF	-3.402823060737le+038	f	
3	3	32BF	-3.402823060737le+038	f	
4	4	32BF	-3.402823060737le+038	f	
5	5	32BF	-3.402823060737le+038	f	
6	6	32BF	-3.402823060737le+038	f	
7	7	32BF	-3.402823060737le+038	f	
8	8	32BF	-3.402823060737le+038	f	
9	9	32BF	-3.402823060737le+038	f	
10	10	32BF	-3.402823060737le+038	f	
11	11	32BF	-3.402823060737le+038	f	

图 5-4　波段数据元数据

5.2.3　ST_Histogram

1. 功能描述

ST_Histogram 函数返回指定栅格指定波段的像元值统计信息。Bins 参数可控制分组个数，如不设置，则为自动分组。

2. 参数说明

ST_Histogram 函数的参数说明如表 5-5 所示。

表 5-5　ST_Histogram 函数的参数说明

参数名	参数类型	说　明
rast	raster	指定输入栅格
nband	integer	指定波段位置
bins	integer	指定分组个数

3. 实战操作

空间数据表 demo 中存储的为 DEM 数据，利用 ST_Histogram 函数选择第一波段即能马上获得其对应的高程柱状图，具体代码如下：

```
SELECT (stats).*
FROM (SELECT rid, ST_Histogram(rast, 1, 6) As stats
    FROM demo WHERE rid=1) As foo;
```

输出如图 5-5 所示。

数据输出 | 解释 | 消息 | 历史

	min double precision	max double precision	count bigint	percent double precision
1	6.585205078125	2.154337565104	148	0.017550100794
2	2.154337565104	7.723470052083	1294	0.153444800189
3	7.723470052083	3.292602539062	2789	0.330724534566
4	3.292602539062	8.861735026042	2428	0.287916518439
5	8.861735026042	04.43086751302	1517	0.179888533143
6	04.43086751302	1020	257	0.030475512866

图 5-5　柱状图信息

5.2.4　ST_Value

1. 功能描述

返回栅格数据指定行列单元内，指定波段的像元值。如果没有指定特定波段，则以第一波段为准。

2. 参数说明

ST_Value 函数的参数说明如表 5-6 所示。

表 5-6　ST_Value 函数的参数说明

参数名称	参数类型	说　明
rast	raster	输入栅格
band	integer	波段位置
columnx	integer	X 坐标
rowy	integer	Y 坐标

3. 实战操作

数据库中已存在的空间数据表 Red 中，存储了一张 200×200 的纯色 jpg 图片，利用 ST_Value 函数获取其 RGB 值，具体代码如下：

```
SELECT rid, ST_Value(rast, 1, 1, 1) As r_Val,
ST_Value(rast, 2, 1, 1) As g_Val, ST_Value(rast, 3, 1, 1) As b_Val
FROM red WHERE rid=1;
```

结果如图 5-6 所示。

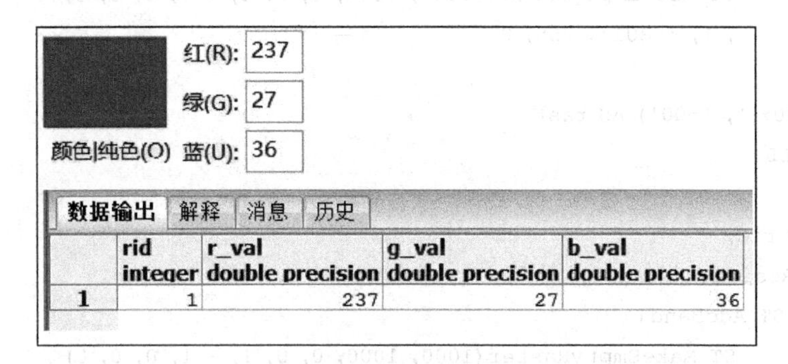

图 5-6 RGB 各波段像元值

5.2.5 ST_Resize

1. 功能描述

ST_Resize 函数是给栅格一个新的宽度或高度。有以下三种形式：

- 直接给栅格一个确定的宽度或高度。
- 指定宽度或高度的百分比。
- 给定其中一个确定的值，给另一个宽度或高度的百分比。

2. 参数说明

ST_Resize 函数的参数说明如表 5-7 所示。

表 5-7 ST_Resize 函数的参数说明

参 数 名	参数类型	说 明
rast	raster	输入栅格
width/Percent width	text/double	重组后宽度与原宽度的比
height/Percent height	text/double	重组后高度与原高度的比

3. 实战操作

利用 ST_MakeEmptyRaster 函数新建三份大小均为 1000×1000 的空栅格数据，分别调用 ST_Resize 函数，使用固定高宽比、固定数值与百分比对其进行长宽重组。具体代码如下：

```
WITH foo ASC
```

```
SELECT
    1 AS rid,
    ST_Resize(
        ST_AddBand(
            ST_MakeEmptyRaster(1000, 1000, 0, 0, 1, - 1, 0, 0, 0)
            , 1, '8BUI', 255, 0
        )
    , '50% ', '500') AS rast
UNION ALL
SELECT
    2 AS rid,
    ST_Resize(
        ST_AddBand(
            ST_MakeEmptyRaster(1000, 1000, 0, 0, 1, - 1, 0, 0, 0)
            , 1, '8BUI', 255, 0
        )
    , 500, 100) AS rast
UNION ALL
SELECT
    3 AS rid,
    ST_Resize(
        ST_AddBand(
            ST_MakeEmptyRaster(1000, 1000, 0, 0, 1, - 1, 0, 0, 0)
            , 1, '8BUI', 255, 0
        )
    , 0.25, 0.9) AS rast
), bar AS (
    SELECT rid, ST_Metadata(rast) AS meta, rast FROM foo
)
SELECT rid, (meta).*  FROM bar;
```

利用 ST_MetaData 函数提取其元数据，三份空栅格数据大小按顺序应为：500×500、500×100 与 250×900。实际效果如图 5-7 所示。

数据输出 | 解释 | 消息 | 历史

	rid integer	upperleftx double precision	upperlefty double precision	width integer	height integer
1	1	0	0	500	500
2	2	0	0	500	100
3	3	0	0	250	900

图 5-7　查看 Resize 处理后的栅格大小

5.3 栅格数据间的空间关系

5.3.1 ST_Intersects

1. 功能描述

ST_Intersects 函数判断两栅格是否相交,如果两栅格有相互重合的部分,则返回 True,否则返回 False。调用时栅格数据若不指定波段,则判断时的依据为栅格数据的凸包;若指定了波段,则根据有效值边界进行判断,即去除 NoData 像元。

2. 参数说明

ST_Intersects 函数的参数说明如表 5-8 所示。

表 5-8 ST_Intersects 函数的参数说明

参数名称	参数类型	说 明
rast	raster	输入栅格
nband	integer	指定波段

3. 实战操作

空间数据表 Clip_result 是由空间数据表 Demo 利用 ST_Clip 函数切割出来的,在 rid=316 附近相交,ST_Intersects 函数可进行验证,具体代码如下:

```
select ST_Intersects(rast,1,(select ST_Union(rast) from clip_result ),1)
as IntersectsOrNot
from demo where rid=316;
```

返回结果如图 5-8 所示。

数据输出	解释	消息	历史

	intersectsornot boolean
1	t

图 5-8 ST_Intersects 函数返回结果

5.3.2 ST_Contains

1. 功能描述

ST_Contains 函数判断栅格 rastA 是否包含栅格 rostB,如果 rastB 中所有的点或者至少有一个点落在 rastA 的内部,则返回 true,否则返回 false。调用时栅格数据若不指定波段,则判断时的依据为栅格数据的凸包;若指定了波段,则根据有效值边界进行判断,即去除 NoData 像元。

2. 参数说明

ST_Contains 函数的参数说明如表 5-9 所示。

表 5-9　ST_Contains 函数的参数说明

参数名称	参数类型	说　明
rast	raster	输入栅格
nband	integer	指定波段

3. 实战操作

同一栅格数据的不同波段当其位置相同时，满足 Contains 关系，通过 ST_Contains 函数可以进行验证，具体代码如下：

```
SELECT r1.rid, r2.rid, ST_Contains(r1.rast, 1, r2.rast, 1)
FROM red r1
CROSS JOIN red r2
WHERE r1.rid=1;
```

数据输出　解释　消息　历史

	rid integer	rid integer	st_contains boolean
1	1	1	t
2	1	2	f
3	1	3	f
4	1	4	f

图 5-9　ST_Contains 函数返回结果

返回结果如图 5-9 所示。

5.4　栅格数据处理与分析

5.4.1　ST_Clip

1. 功能描述

返回由输入进行切割后的栅格。ST_Clip 函数可以进行全波段或个别波段的栅格切割。除波段外，还需要指定源栅格、几何掩膜数据以及是否保留源栅格大小。当 Crop 参数为 True 时，则剪切后栅格的空间范围大小为源栅格数据外包矩形的大小。当 Crop 参数为 False 时，则剪切后栅格的空间范围大小为切割图形外包矩形的大小。

2. 参数说明

ST_Clip 函数的参数说明如表 5-10 所示。

表 5-10　ST_Clip 函数的参数说明

参数名称	参数类型	说　明
rast	raster	待掩膜栅格数据
geom	geometry	几何掩膜数据
crop	boolean	是否保留源栅格范围

3. 实战操作

(1) 创建 Clip 所用到的几何掩膜，一般通过构建已知点围成的多边形对源栅格进行切割，PostGIS中的ST_GeometryFromText函数通过WKT表达能十分简便地完成这一操作。本例中使用长宽各100米的正方形选框对源栅格进行切割，具体代码如下：

```
ST_GeometryFromText('POLYGON((441850 4160700,441850 4158300,444250 4158300,
444250 4160700,441850 4160700))',4236)
```

4236为SRID，需要与源栅格数据保持一致。

(2) 调用ST_Clip函数，并将结果另存为新的空间数据表，具体代码如下：

```
DROP TABLE Clip_Result;
CREATE TABLE Clip_Result AS SELECT ST_Clip(rast,
    ST _ GeometryFromText (' POLYGON ((441850  4160700, 441850  4158300, 444250
4158300,444250 4160700,441850 4160700))',4236),
    false) as rast
    from public.demo;
```

(3) 利用lo_export可将结果由数据表中导出，效果如图5-10所示。

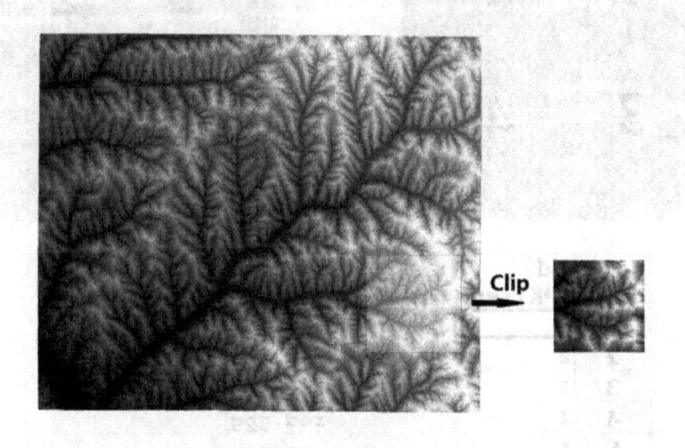

图5-10 切割前后示意图

5.4.2 ST_Union

1. 功能描述

ST_Union函数用于合并栅格数据，由于栅格数据在PostGIS中以固定大小的独立单元存储，因此时常需要对其局部合并后再进行分析。需要注意的是，ST_Union函数仅能对同一张表内的数据进行合并操作，如果不在一个表内，需要导入到同一个表格内，可以增加一个字段来区分数据。

2. 参数说明

ST_Union函数的参数说明如表5-11所示。

3. 实战操作

现有空间数据表Red与Green分别存储200×200的纯色jpg格式数据，数据库对其进行了100×100的分割存储。ST_Union函数需要数据处于同一张空间数据表中，所

表 5-11 ST_Union 函数的参数说明

参数名	参数类型	说 明
rast	raster	输入栅格

以应新建空间数据表，具体代码如下：

```
drop table union_r_g;
create table union_r_g (rid serial primary key, rast raster, filename text);
Insert into union_r_g (rast,filename) select rast ,filename from public.red;
Insert into union_r_g(rast,filename) select rast ,filename from public.green;
```

union_r_g 内存来自 red 与 green 两张 jpg 图片的栅格数据，以 filename 进行区分。结果如图 5-11 所示。

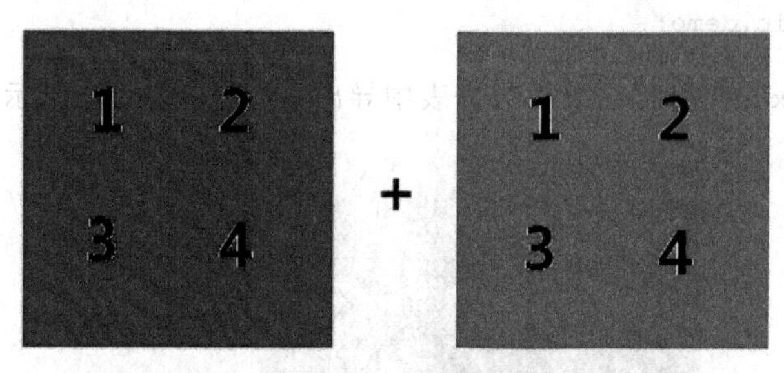

	rid [PK] seria	rast raster	filename text
1	1		red.jpg
2	2		red.jpg
3	3		red.jpg
4	4		red.jpg
5	5		green.jpg
6	6		green.jpg
7	7		green.jpg
8	8		green.jpg
*			

图 5-11 放置于同一个表格内的不同栅格数据

将 Red[1,4]与 Green[2,3]合并，代码如下：

```
drop table union_demo;
create table union_demo as select ST_Union(rast) as rast
from union_r_g
where rid in (1,6,7,4);
```

按上述方法新建的表无主键等约束条件，仅保留了数据结果，是不规范的。只可用于简便的数据查看。合并结果如图 5-12 所示。

图 5-12 Red[1,4]与 Green[2,3]合并后的效果

5.4.3 ST_HillShade、ST_Slope 和 ST_Aspect

1. 功能描述

ST_HillShade 函数返回源 DEM 数据的山体模拟阴影。函数假定的作用波段为第一波段，默认采用 32 位浮点型像元值类型，默认方位角为 315°，默认高度角为 45 度，默认最高亮度 255，默认缩放尺度 1.0。ST_Slope 函数返回源 DEM 数据的坡度数据，ST_Aspect 函数返回源 DEM 的坡向数据，默认单位均为度。

2. 参数说明

ST_HillShade、ST_Slope 和 ST_Aspect 函数的参数说明如表 5-12 所示。

表 5-12 ST_HillShade、ST_Slope 和 ST_Aspect 函数的参数说明

参数名	参数类型	说　明
rast	raster	输入栅格

3. 实战操作

以 ST_HillShade 函数为例，采用 PostGIS 默认的 HillShade 模型，利用函数只要一行代码就可以生成山体模拟阴影，生成代码如下：

```
SELECT ST_Hillshade(ST_Union(rast)) FROM clip_result;
```

利用 lo_export 可将结果输出，具体步骤如下：

(1) 如图 5-13 所示，在 SQL 编辑窗口中输入 Large Object 生成代码，并指定生成对象，获取 lo 对象 ID。

(2) 在 PSQL 中利用 lo_list 可以查看所有大对象的 OID 与大小，找到需要导出的

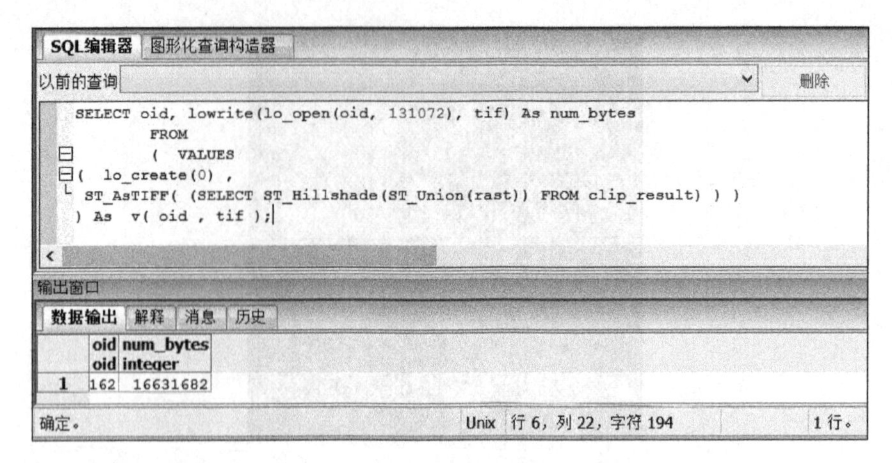

图 5-13　Large Object 生成代码

Large Object,利用 lo_export 进行导出。

(3) 山体模拟阴影效果,如图 5-14 所示。

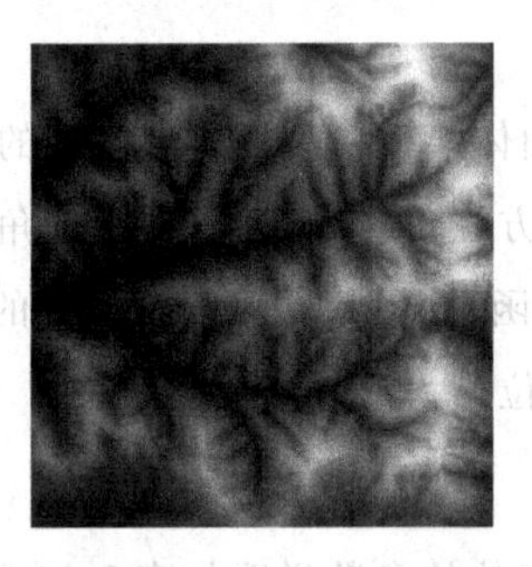

图 5-14　HillShade 效果图

ST_Slope 函数与 ST_Aspect 函数的调用方法与 ST_HillShade 函数相仿,效果如图 5-15 所示。

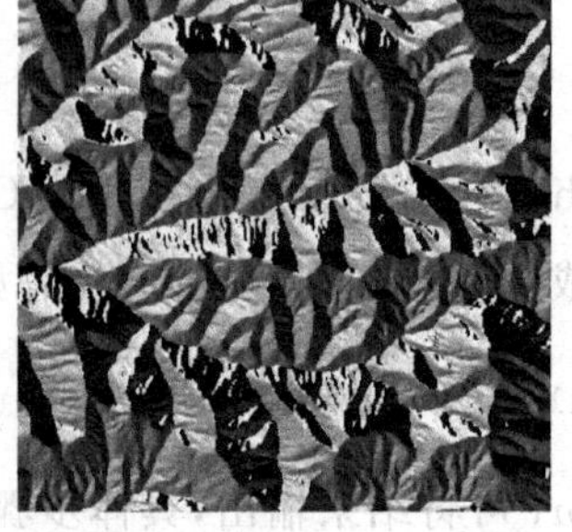

Slope　　Aspect

图 5-15　Slop 与 Aspect 的效果图

第6章 利用QGIS、ArcMap和GeoServer对空间数据库进行管理、操作和发布

6.1 利用QGIS对PostgreSQL空间数据库进行空间数据管理

从第2章中我们已经学习了如何利用QGIS将Shp数据导入PostgreSQL空间数据库中。本节我们将学习如何在QGIS中加载PostGIS的数据。

6.1.1 在QGIS中加载PostgreSQL空间数据库数据

(1) 首先我们要打开QGIS软件,并在工具栏中找到"添加PostGIS图层"按钮,单击后弹出"添加PostGIS表"提示框,如图6-1所示。

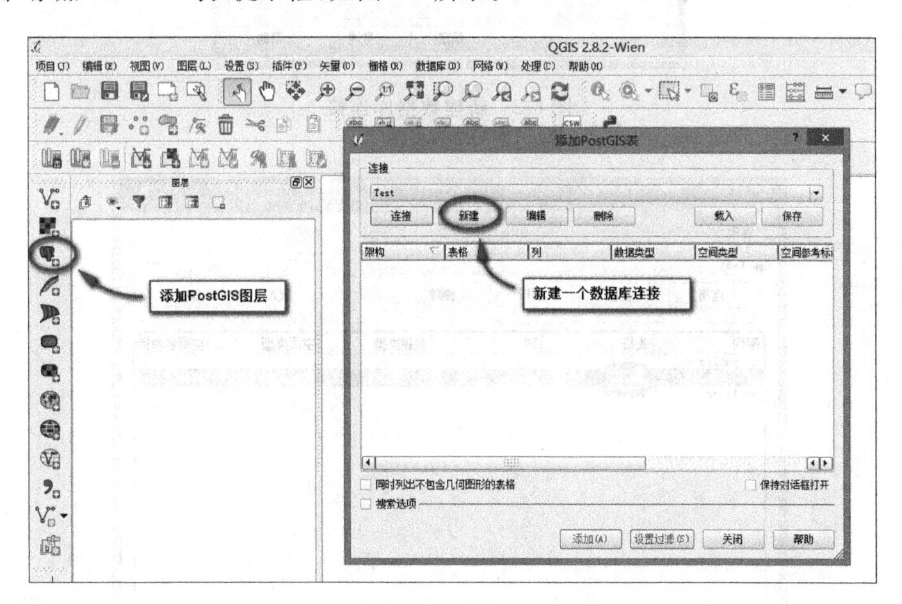

图6-1 添加PostGIS图层

(2) 单击"新建"按钮,配置空间数据库连接信息填充连接信息,其中连接名称、主机名、端口、用户名和密码是必填项,填完后进行连接测试。具体操作如图6-2所示。

(3) 在测试成功后,单击"连接"按钮,选择需要加载的图层,本节我们使用的是美国阿拉斯加州的地图(在PostgreSQL中导入空间数据详见第2章),单击"添加"按钮结束(如图6-3所示)。

(4) 加载完成,在QGIS中出现阿拉斯加州地图,如图6-4所示。

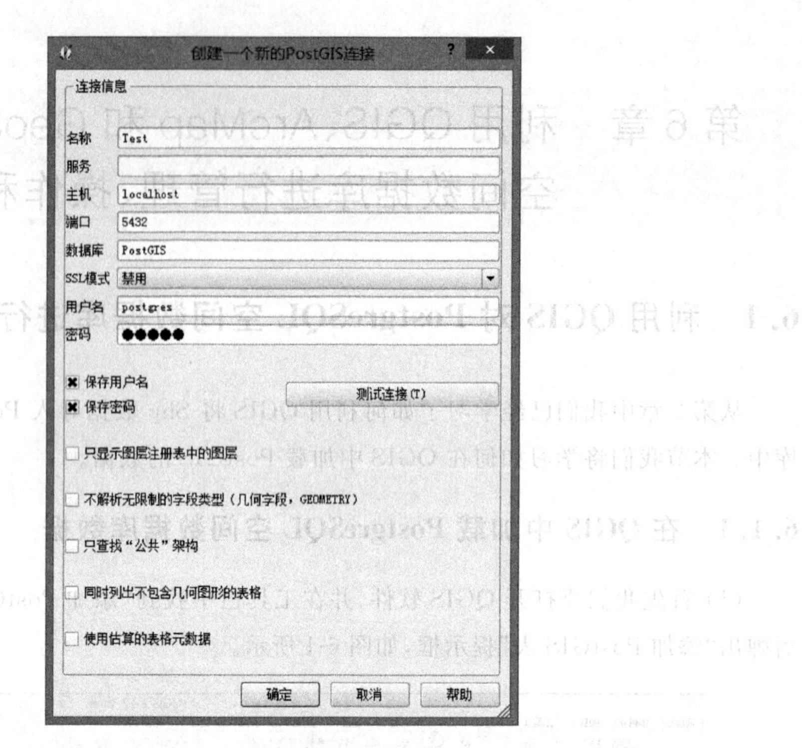

图 6-2　新建数据库连接

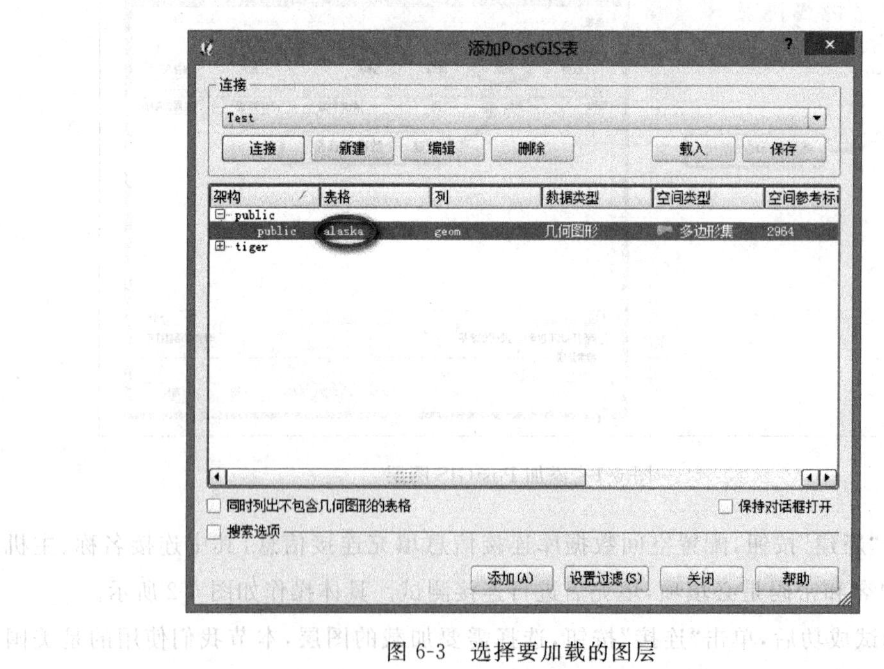

图 6-3　选择要加载的图层

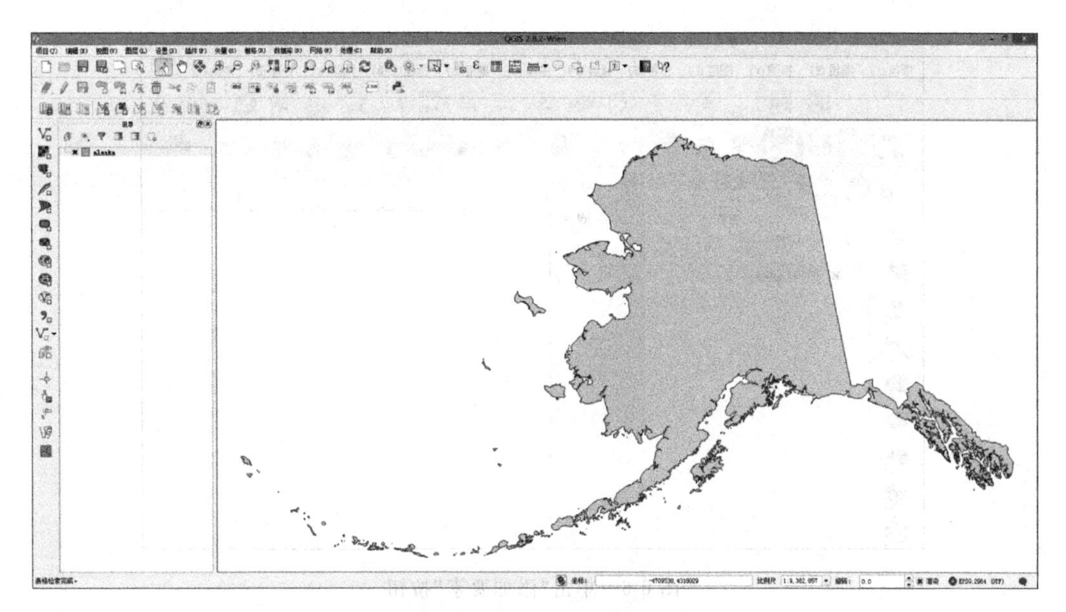

图 6-4 加载完毕的结果

6.1.2 编辑导入的空间数据，并保存在数据库中

(1) 在学习 ESRI 公司的 ArcMap 软件后，我们知道编辑地图时先要打开编辑功能。同样的，在 QGIS 中编辑地图时也需要单击“编辑”按钮，如图 6-5 所示。

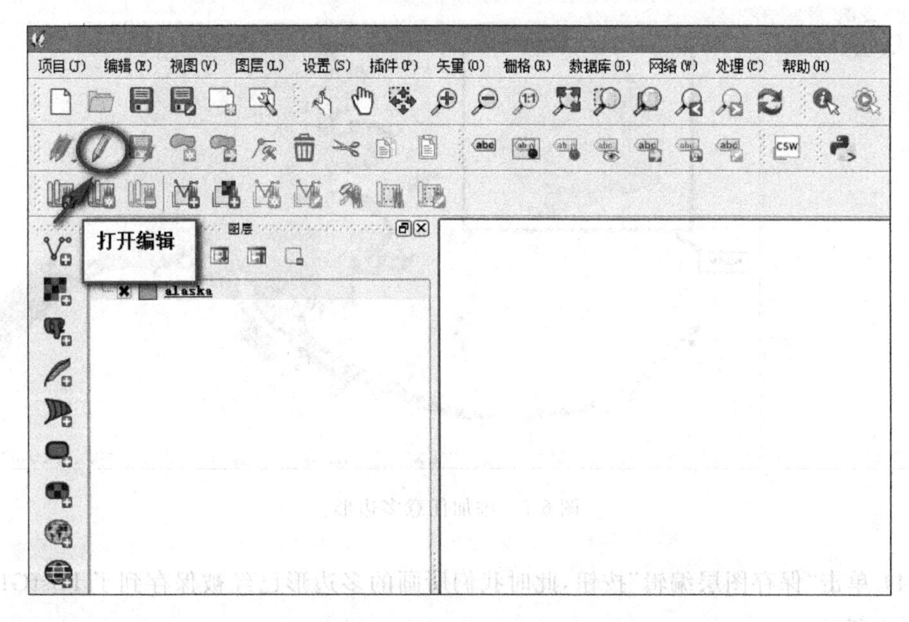

图 6-5 在 QGIS 中打开编辑

(2) 单击“添加要素”按钮，此时地图就可以进行编辑了，如图 6-6 所示。

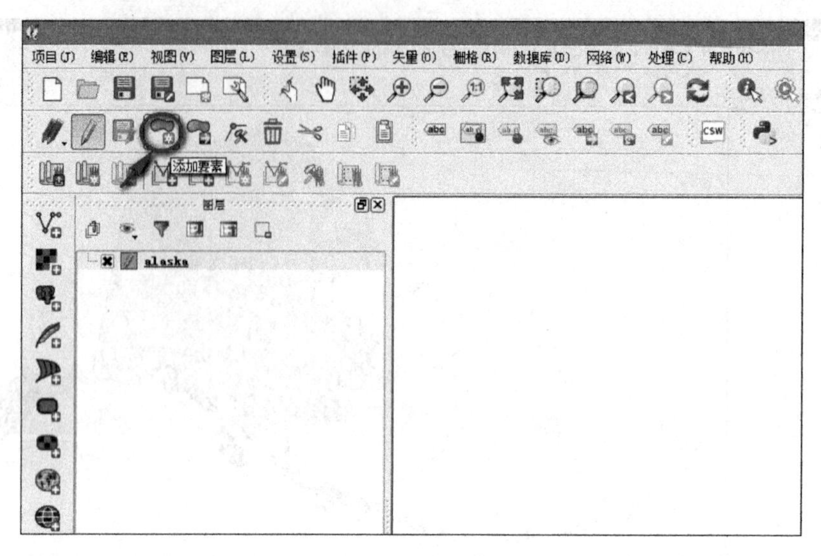

图 6-6　单击“添加要素”按钮

（3）编辑地图。本次实验只是为了验证通过在 QGIS 中编辑地图就可以将编辑后的地图保存到 PostGIS 中这个功能，所以可以在地图上任意画一个多边形，如图 6-7 所示。

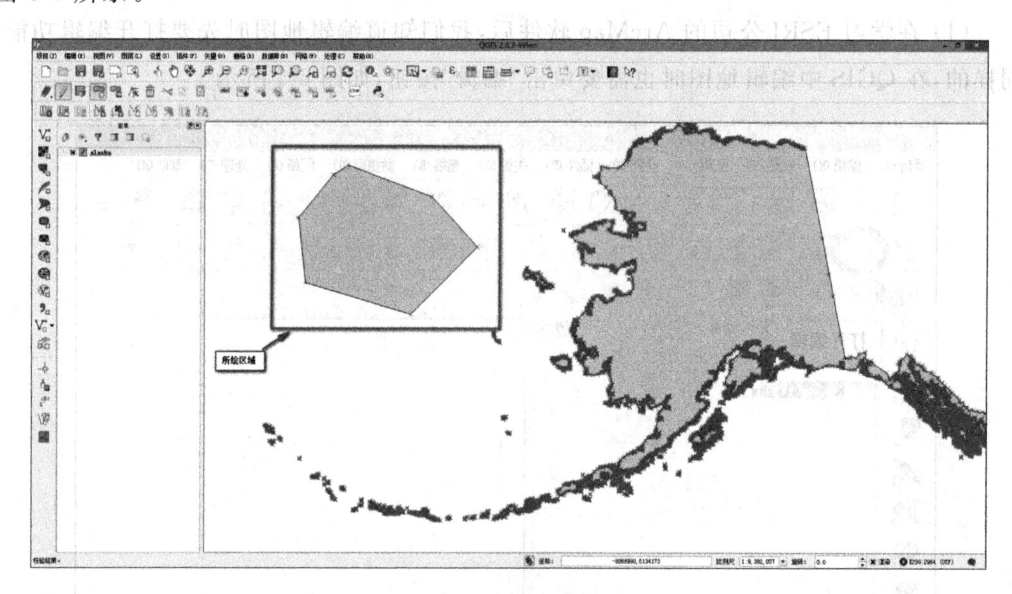

图 6-7　添加任意多边形

（4）单击“保存图层编辑”按钮，此时我们所画的多边形已经被保存到了 PostGIS 中，如图 6-8 所示。

（5）验证是否已经将编辑后的地图保存到 PostGIS 中。关闭现有图层，按上一个实验加载修改后的空间数据，加载完成，如图 6-9 所示。

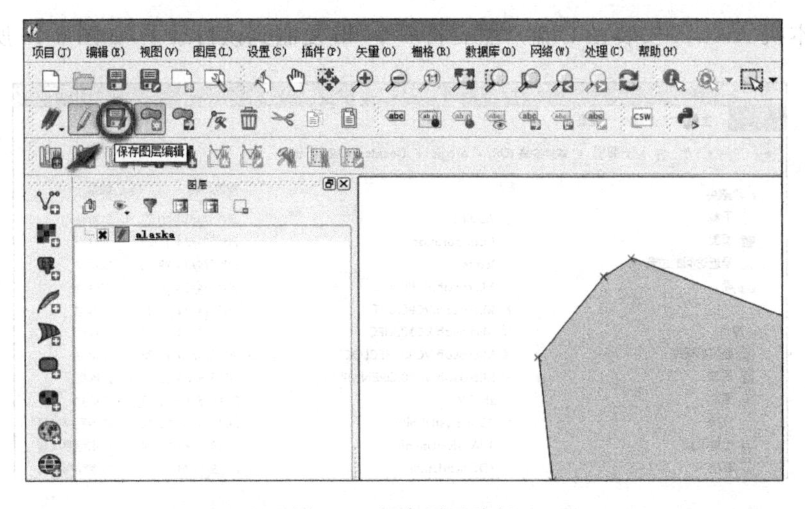

图 6-8　保存图层编辑

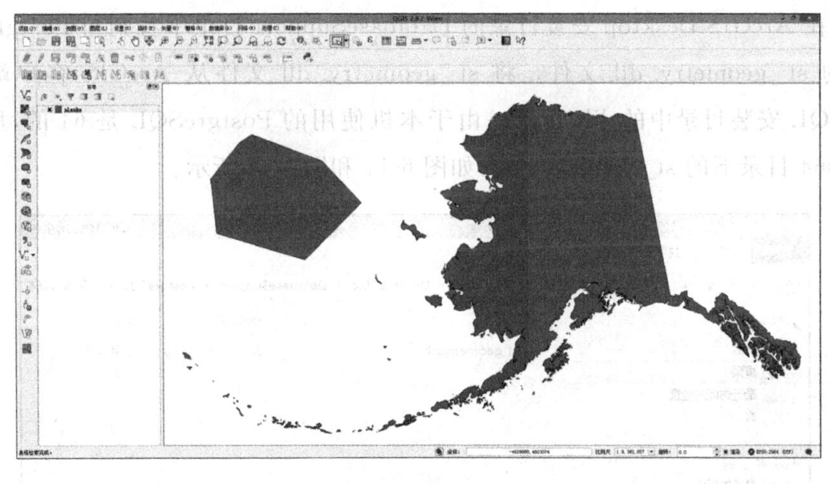

图 6-9　加载完成

6.2　利用 ArcMap 对 PostgreSQL 空间数据库进行空间数据管理

6.2.1　在 ArcGIS 和 PostgreSQL 中配置相关文件

ArcGIS Desktop 作为商业软件在与一些开源软件对接时为了维护商业利益，不得不在软件接口方面作出限制。要使 ArcGIS 能够访问 PostgreSQL 中的数据，在 ArcGIS 要配置连接到 PostgreSQL 数据库所需的客户端文件。这些文件包括 libeay32. dll、libiconv-2. dll、libintl-8. dll、libpq. dll 和 ssleay32. dll。在 PostgreSQL 的安装目录中需要配置一个 dll。具体步骤如下：

(1) 打开 ArcGIS Desktop 的安装目录(本次实验采用的 ArcGIS 的版本为 10. 2. 2)，找到

bin 目录(本机 ArcGIS 安装在 D 盘),然后将 5 个 dll 复制到该目录下,如图 6-10 所示。

计算机 ▸ 软件安装 (D:) ▸ arcgis ▸ Desktop10.2 ▸ bin

名称	修改日期	类型
Addins	2015/4/24 19:22	文件夹
Configuration	2015/4/24 19:25	文件夹
Icons	2015/4/24 19:25	文件夹
Microsoft.VC90.ATL	2015/4/24 19:23	文件夹
Microsoft.VC90.CRT	2015/4/24 19:23	文件夹
Microsoft.VC90.MFC	2015/4/24 19:25	文件夹
Microsoft.VC90.MFCLOC	2015/4/24 19:25	文件夹
Microsoft.VC90.OPENMP	2015/4/24 19:23	文件夹
zh-CN	2015/5/10 18:07	文件夹
3DAnalystUI.dll	2013/5/28 16:42	应用程序扩展
3dAnalystUtil.dll	2013/5/28 17:49	应用程序扩展
3DEditorUI.dll	2013/5/28 16:42	应用程序扩展

图 6-10 ArcGIS Desktop 安装目录

(2) 在 ArcGIS Desktop 安装目录的 DatabaseSupport 目录中找到与 PostgreSQL 配合使用的 st_geometry. dll 文件。将 st_geometry. dll 文件从 ArcGIS 客户端复制到 PostgreSQL 安装目录中的 lib 目录。由于本机使用的 PostgreSQL 是 64 的,所以选择 Windows64 目录下的 st_geometry. dll,如图 6-11 和图 6-12 所示。

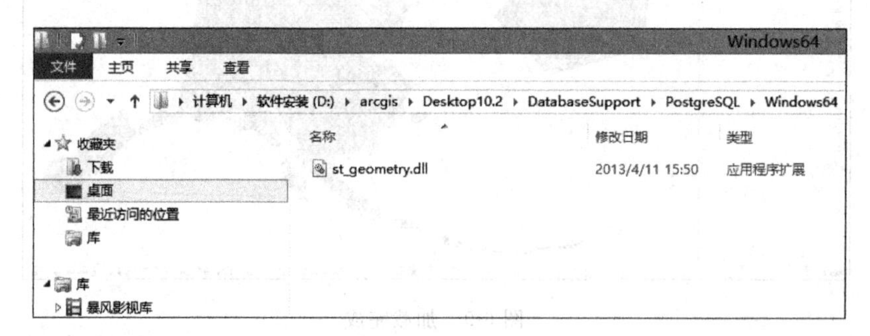

图 6-11 ArcGIS 安装目录中的 st_geometry. dll 文件

计算机 ▸ 软件安装 (D:) ▸ pg ▸ lib

名称	修改日期	类型	大小
rtpostgis-2.1.dll	2014/5/17 3:46	应用程序扩展	588 KB
seg.dll	2014/10/20 16:52	应用程序扩展	28 KB
ssleay32.lib	2014/10/20 13:08	Object File Library	65 KB
ssleay32MD.lib	2014/10/20 13:08	Object File Library	65 KB
sslinfo.dll	2014/10/20 16:52	应用程序扩展	11 KB
st_geometry.dll	2013/4/11 15:50	应用程序扩展	5,483 KB
tablefunc.dll	2014/10/20 16:52	应用程序扩展	22 KB
tcn.dll	2014/10/20 16:52	应用程序扩展	10 KB
test_parser.dll	2014/10/20 16:52	应用程序扩展	8 KB
timetravel.dll	2014/10/20 16:52	应用程序扩展	14 KB
tsearch2.dll	2014/10/20 16:52	应用程序扩展	21 KB

图 6-12 复制到 PostgreSQL 的 lib 中

6.2.2 在 ArcMap 设置到 PostgreSQL 的连接

(1) 首先，打开 ArcMap 软件，在主界面工具栏中找到并打开 CataLog 窗口，添加一个新的数据库连接，如图 6-13 所示。

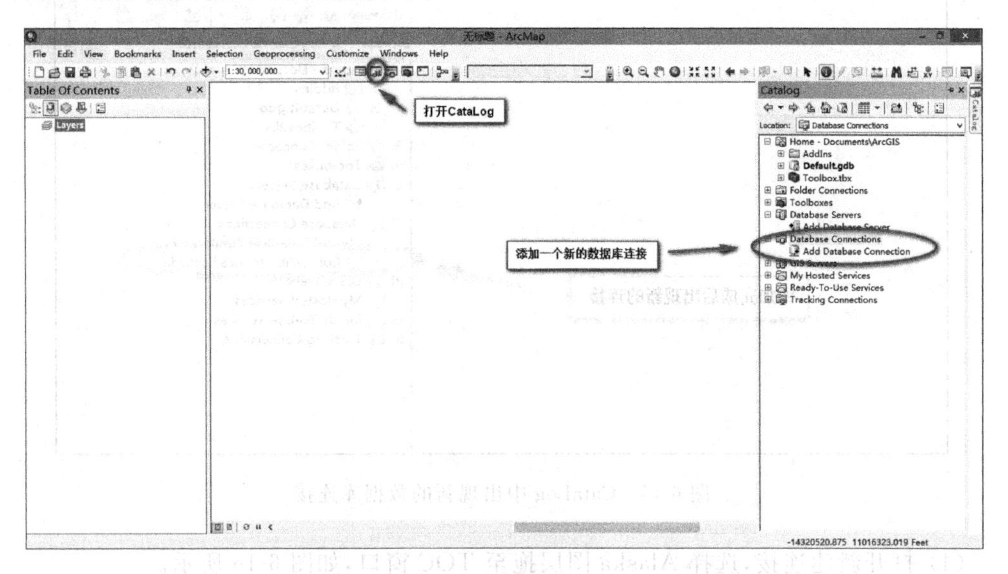

图 6-13 打开 ArcMap 软件单击 CataLog 按钮

(2) 建立新的数据库连接，在 Instance 中填写服务器地址和域名，由于实验使用的数据库位于本地，因此使用 localhost 即可。如果默认端口是 5432，那么可以不填写。如果端口已改，则需要填写"服务器地址和域名"。填完数据库用户名和密码后选择空间数据库，单击 OK 按钮建立数据库连接，如图 6-14 所示。

图 6-14 建立 PostgreSQL 连接

（3）添加完成之后 CataLog 窗口中出现一个新的连接，如图 6-15 所示。

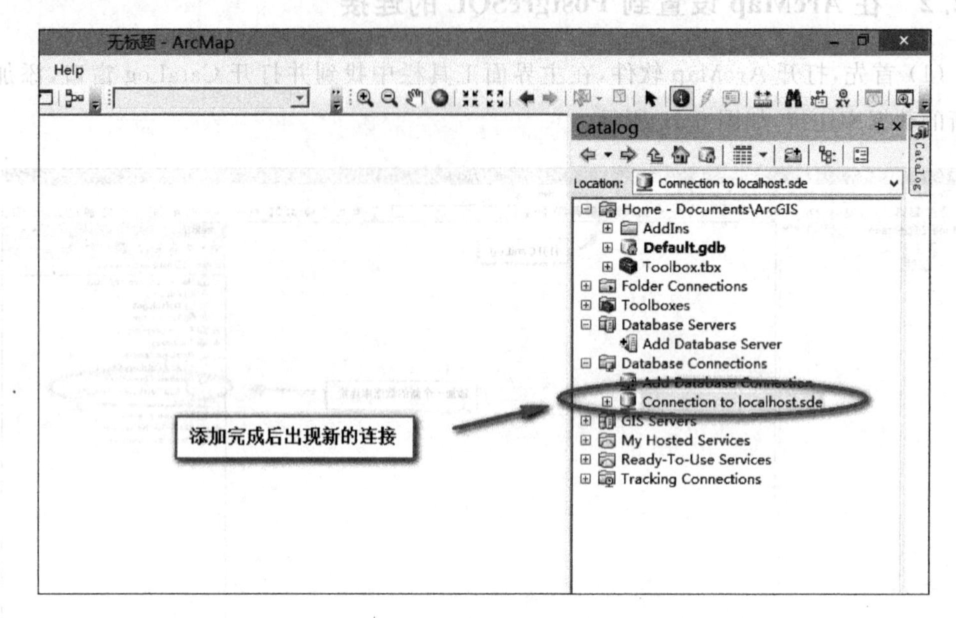

图 6-15　CataLog 中出现新的数据库连接

（4）打开新建连接，选择 Alaska 图层拖至 TOC 窗口，如图 6-16 所示。

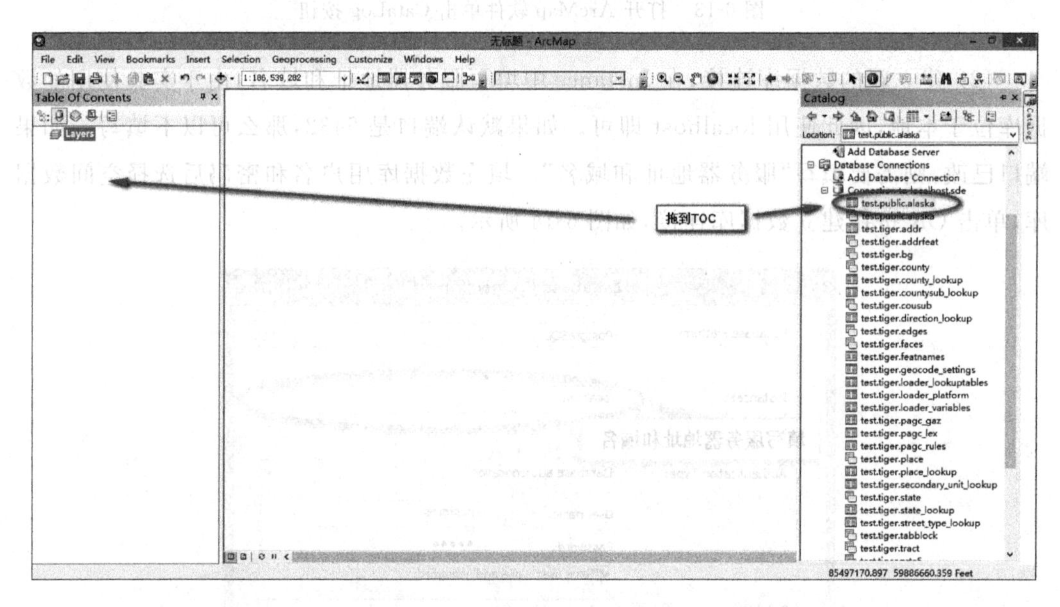

图 6-16　将所需图层拖到 TOC 面板中

（5）选择空间参考坐标系，这里我们选择默认坐标系统，如图 6-17 所示。

（6）地图呈现如图 6-18 所示。

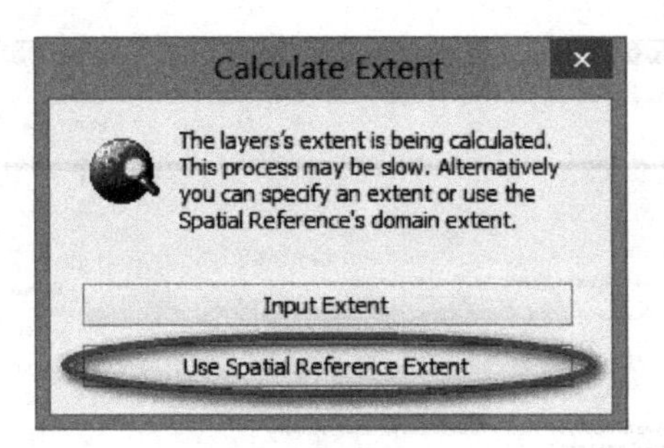

图 6-17　选择空间参考

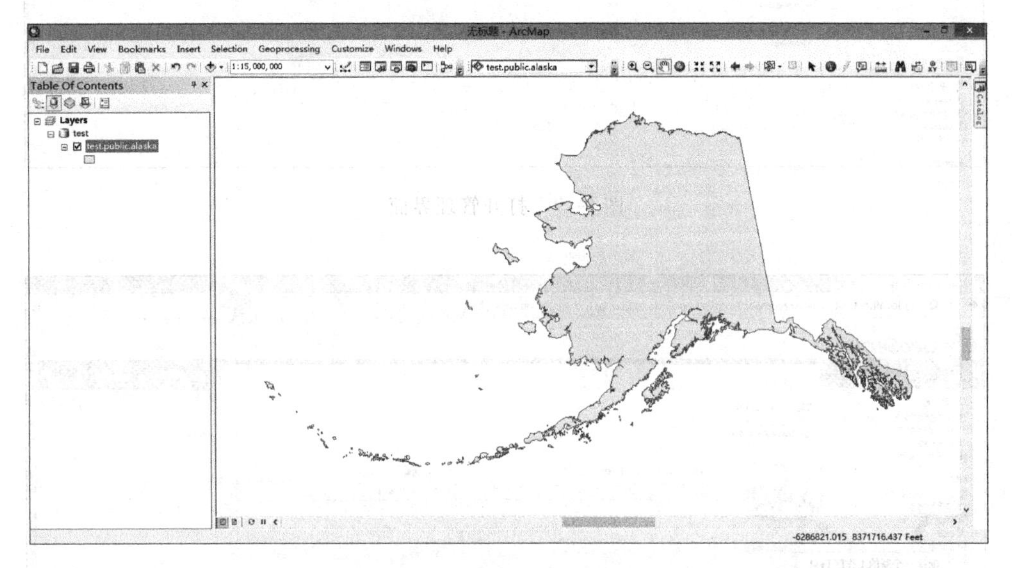

图 6-18　地图呈现

6.3　利用 GeoServer 发布 PostgreSQL 中的空间数据

GeoServer 作为一款开源软件能够非常简单地连接 PostgreSQL 空间数据库。本节我们将学习如何利用 GeoServer 发布 PostgreSQL 中的空间数据。

6.3.1　发布空间数据

(1) 在第 2 章中我们已经学会了 GeoServer 的安装与配置，本次实验中我们先要启动 GeoServer，在开始菜单中找到 Start GeoServer(注意打开后不要关闭 DOS 窗口)，然后在浏览器中打开 GeoServer 管理页面，如图 6-19 所示。

(2) 在左侧菜单栏数据项下有一个“工作区”选项，这主要是用来分类管理我们要发布的项目，为了测试，我们在这里创建一个新的工作区，如图 6-20 所示。

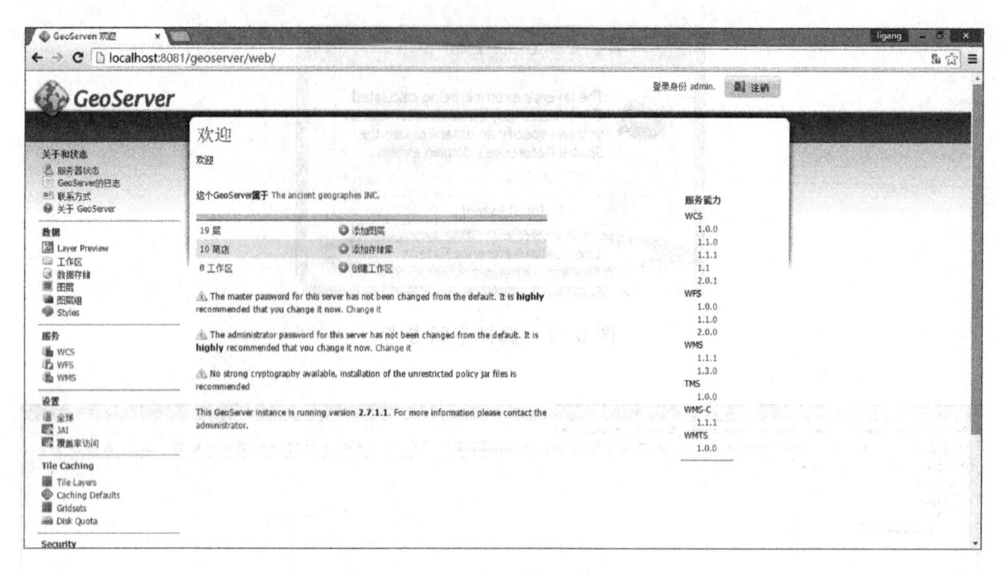

图 6-19　打开管理界面

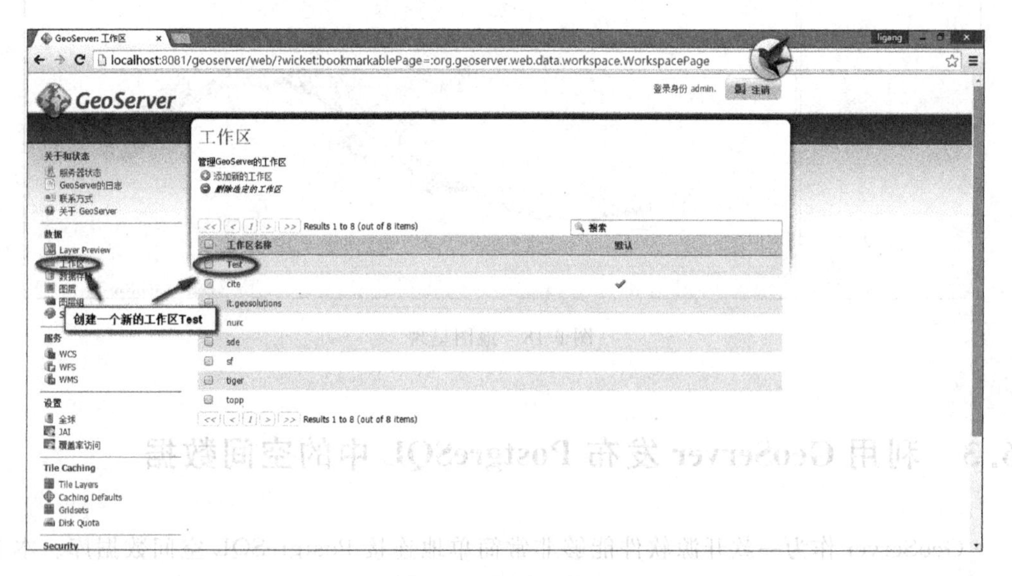

图 6-20　新建工作区

(3) 编辑工作区信息，名称和命名空间 URI 是必填项，如图 6-21 所示。

(4) 新建数据存储并单击界面左侧“数据存储”图标，选中“添加新的数据存储”单选项，如图 6-22 所示。

(5) 选择 PostGIS 作为数据源，如图 6-23 所示。

(6) 编辑数据源连接信息。选择刚才建立的 Test 工作区作为数据源的工作区，填写数据源名称、PostgreSQL 的服务地址和端口、数据库名称以及账号密码，填写完毕后单击“保存”按钮，具体如图 6-24 所示。

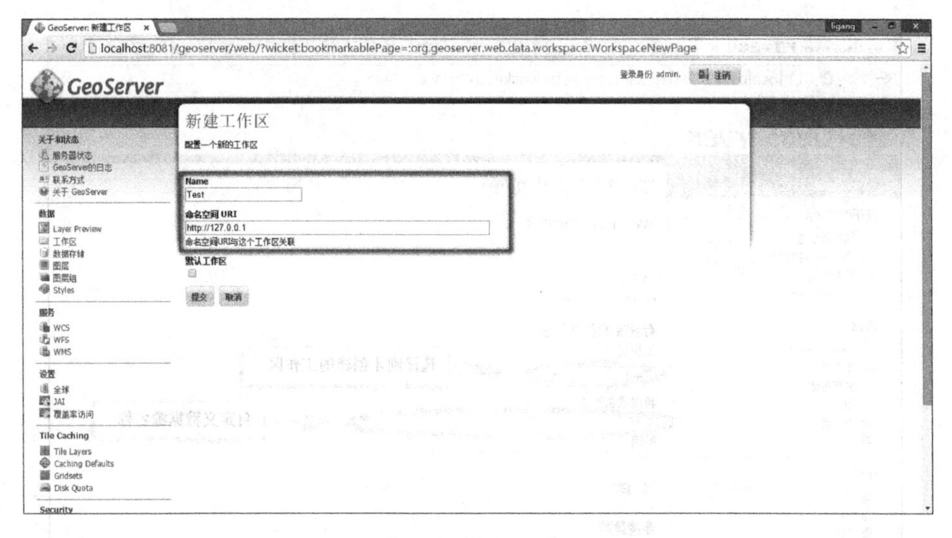

图 6-21　编辑工作区

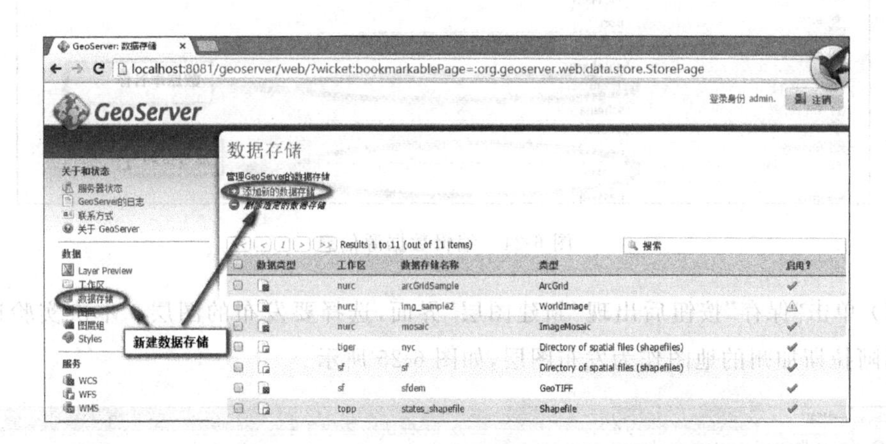

图 6-22　新建数据源

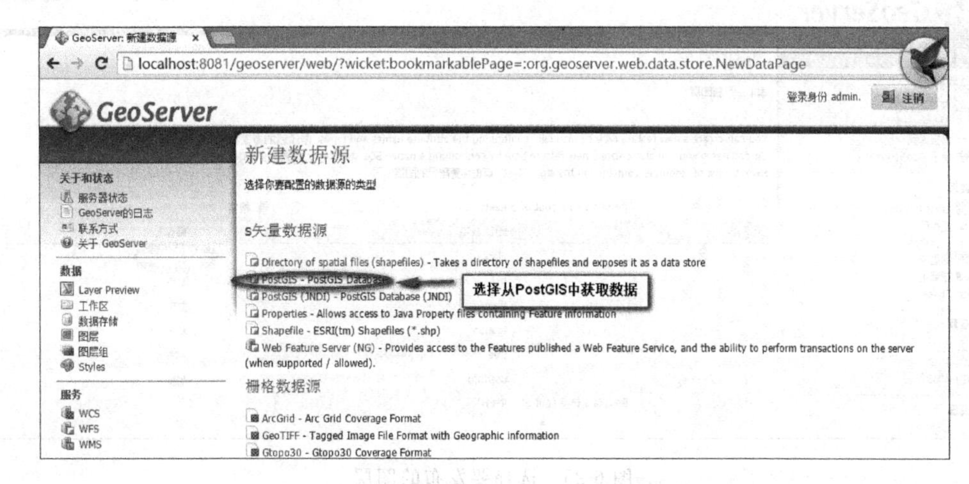

图 6-23　选择 PostGIS 作为数据源

图 6-24　编辑数据源信息

(7) 单击“保存”按钮后出现“新建图层”界面,选择要发布的图层。本次实验还是使用美国阿拉斯加州的地图作为发布图层,如图 6-25 所示。

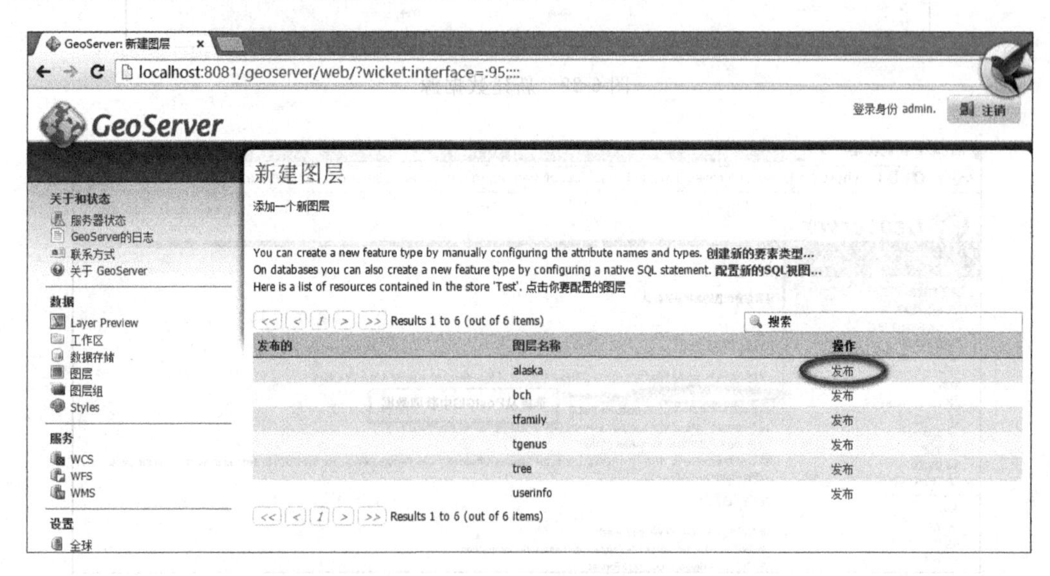

图 6-25　选择要发布的图层

（8）接下来对要发布的数据进行设置，首先要设置图幅范围，为方便读者理解直接选用自动计算边框，其他选项都为默认，如图 6-26 所示。

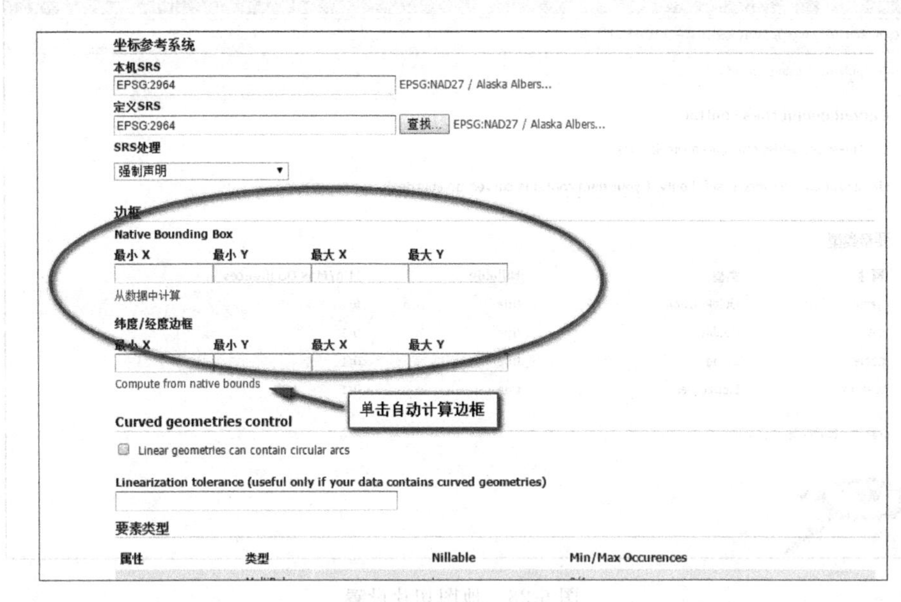

图 6-26　自动计算边框

（9）地图切片缓存设置。切片地图是预先将地图渲染生成为图片，这样在用户访问的时候，可以直接调用这些结果图片，而不需要实时地进行渲染。大大减少了服务器的压力，提高了用户体验，缩短了访问时间。选择为该图层创建缓存，其余选择默认，具体操作如图 6-27 所示。

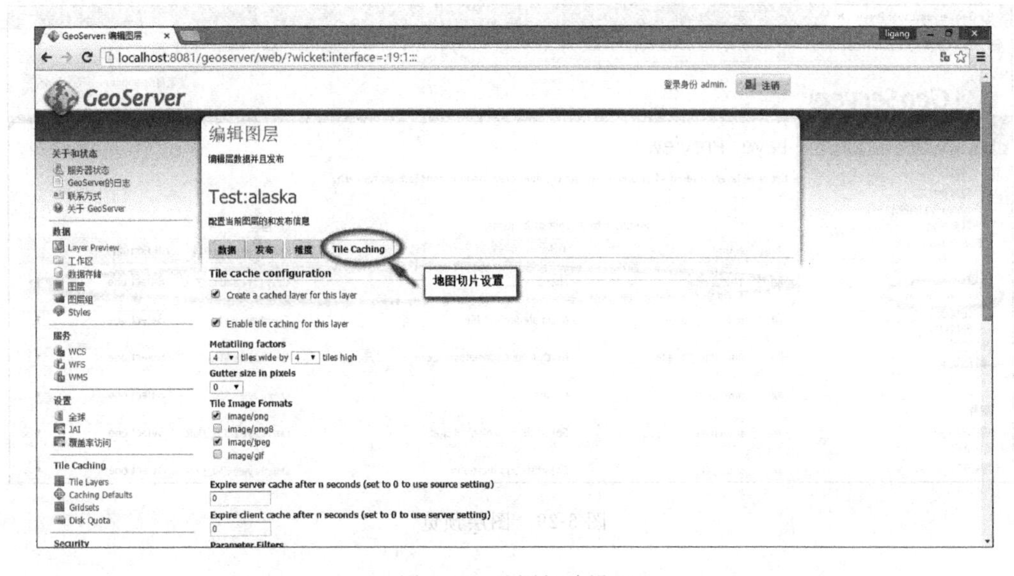

图 6-27　地图切片设置

(10) 单击“保存”按钮后即完成地图的发布，如图 6-28 所示。

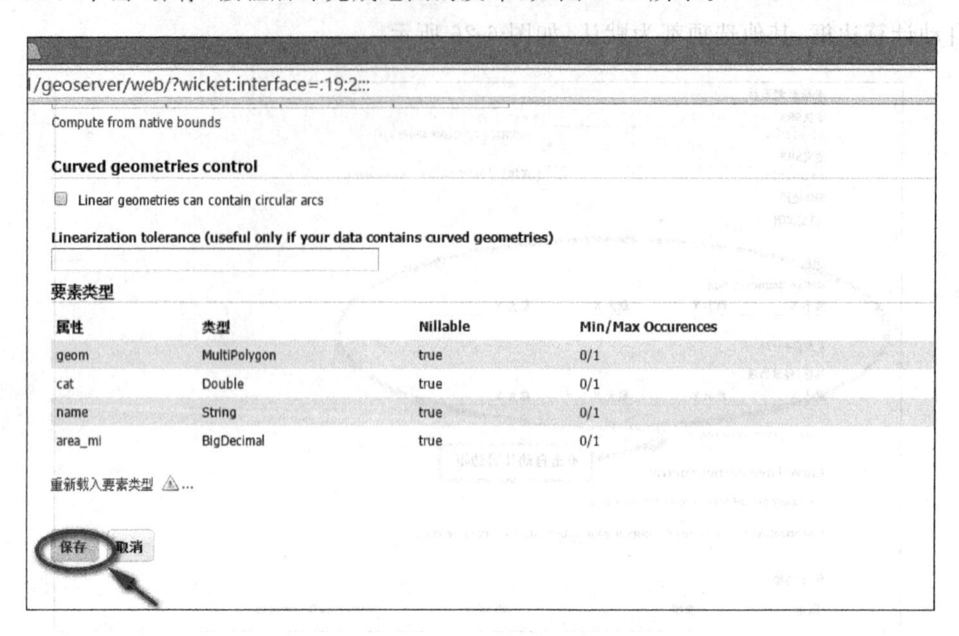

图 6-28　地图切片设置

6.3.2　预览发布的空间数据

(1) 在完成第一步操作后返回主管理界面，在数据选项卡中有一个 Layer Preview 选项，也就是图层预览选项。单击后出现刚才发布的阿拉斯加地图，如图 6-29 所示。

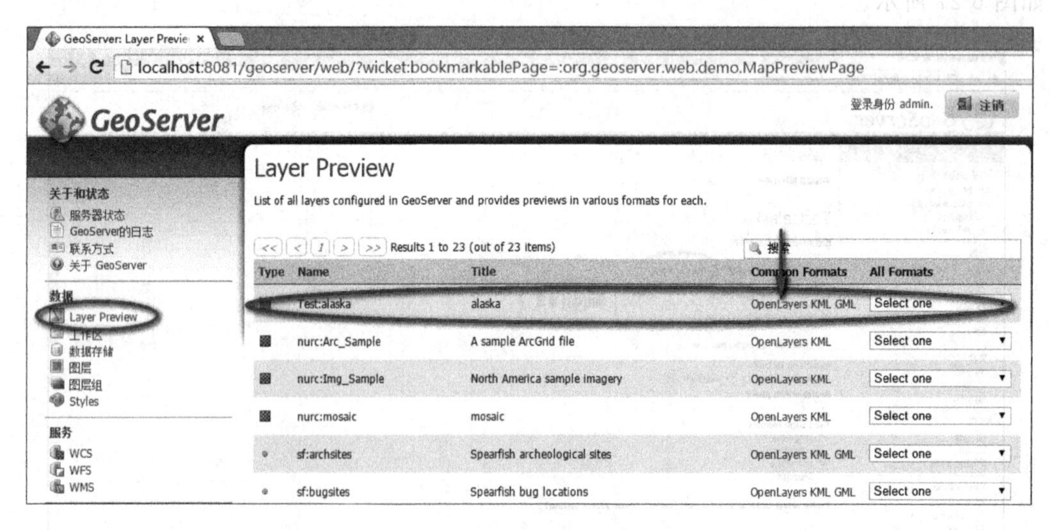

图 6-29　图层预览

(2) 单击 OpenLayers，就可以在浏览器预览到如图 6-30 的地图。由于没有加样式文件，所以地图是默认颜色，下一节我们将介绍如何将我们发布的地图进行美化渲染。

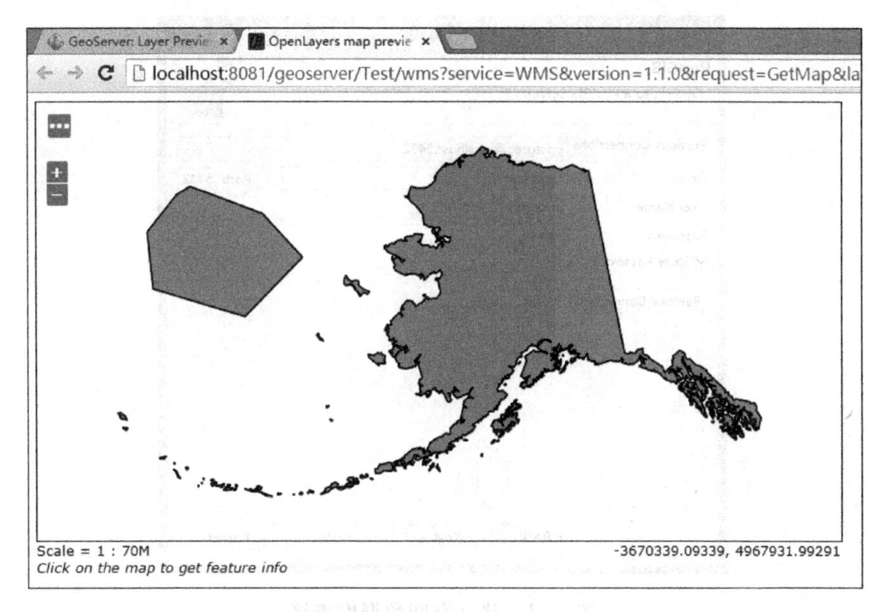

图 6-30　发布的地图

(3) 发布的地图还可以通过 OGC 标准服务 WCF、WMS 请求方式，利用例如 Leaflet、ArcGIS API、SuperMap API 等支持 OGC 访问方式的客户端进行访问。本节实验主要讲解如何利用 GeoServer 发布地图。想要进一步了解细节的同学，可以自己去学习。

6.4　利用 Udig 修饰 PostgreSQL 中的空间数据

6.3 节说到利用 GeoServer 发布的地图，如果没有添加地图样式，则地图不够美观。本节通过 Udig 软件将地图进行一定的渲染生成样式文件，然后添加到 GeoServer 发布的地图中，就可以将地图美化。

6.4.1　利用 Udig 美化地图

(1) 首先要打开 Udig 软件主界面，从菜单栏中选择 Layer 菜单下的 Add 菜单项，打开 Add Data 对话框，从数据来源(data sources)选择 PostGIS。设置空间数据库连接，填写数据库服务器连接信息，并打开数据，如图 6-31 所示。

(2) 单击 Next，出现如图 6-32 所示界面，继而单击 List，选择需要添加的图层数据。

(3) 我们再次选择美国阿拉斯加州的数据，在 Udig 中显示地图，如图 6-33 所示。

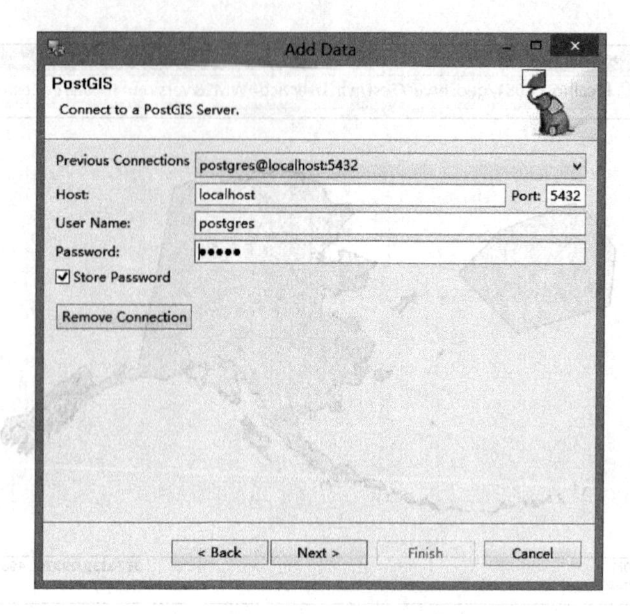

图 6-31 建立空间数据库连接

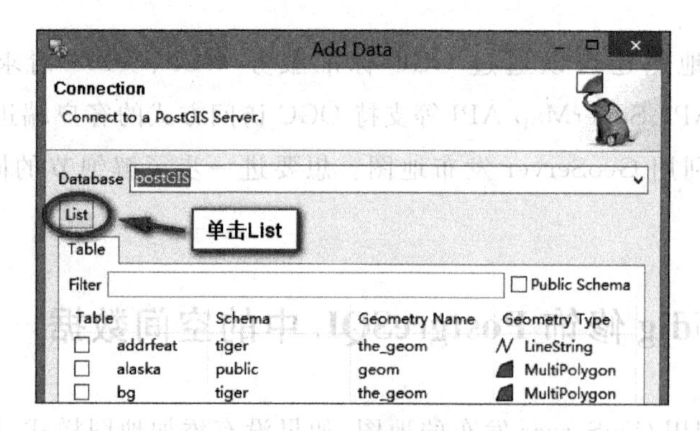

图 6-32 添加图层

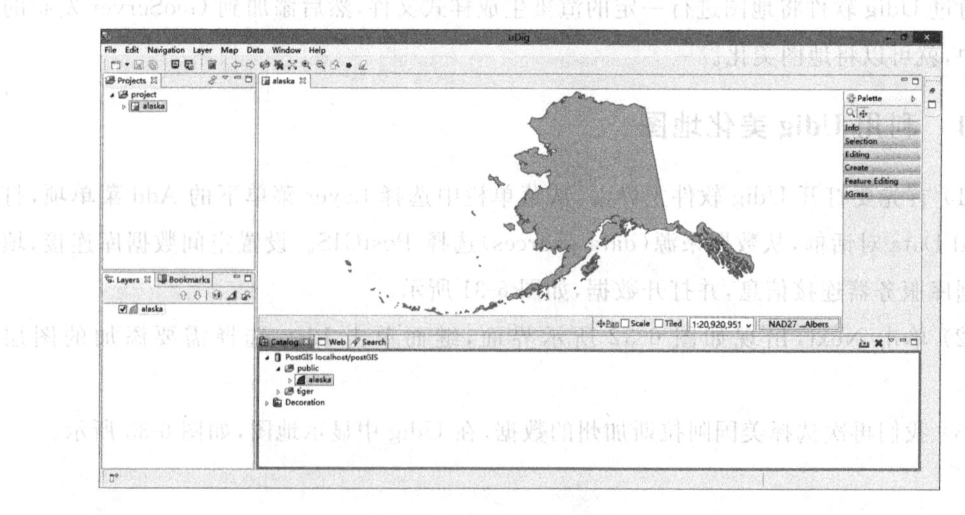

图 6-33 在 Udig 中显示地图

(4) 在右下方 Layers 面板中选中 alaska 数据，右击选择 Change Style 打开 Style Editor 样式编辑器，如图 6-34 所示。

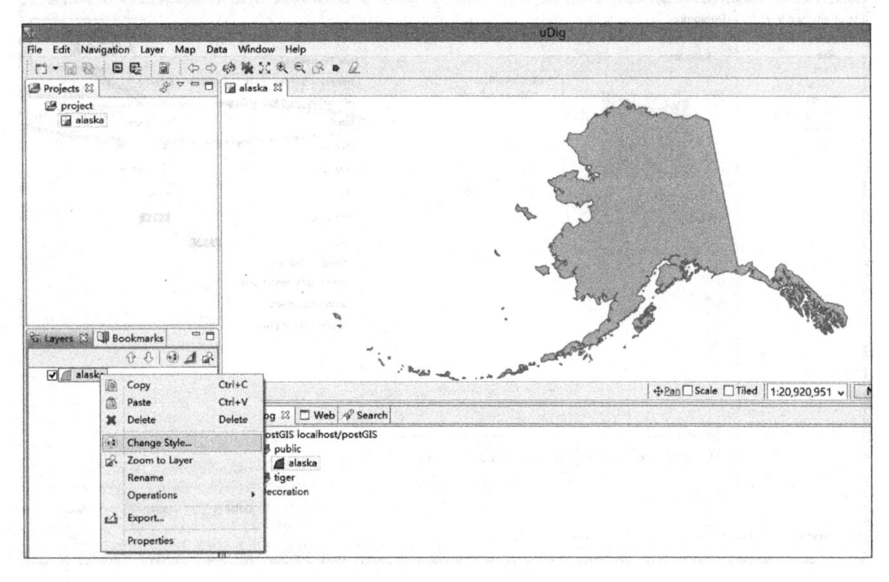

图 6-34 Layers 面板

(5) 注意 Style Properties 栏目中该图层的几个样式设置。单击 Fill 选项卡，作为演示我们选择 color 修改 polygons 颜色，如图 6-35 所示。

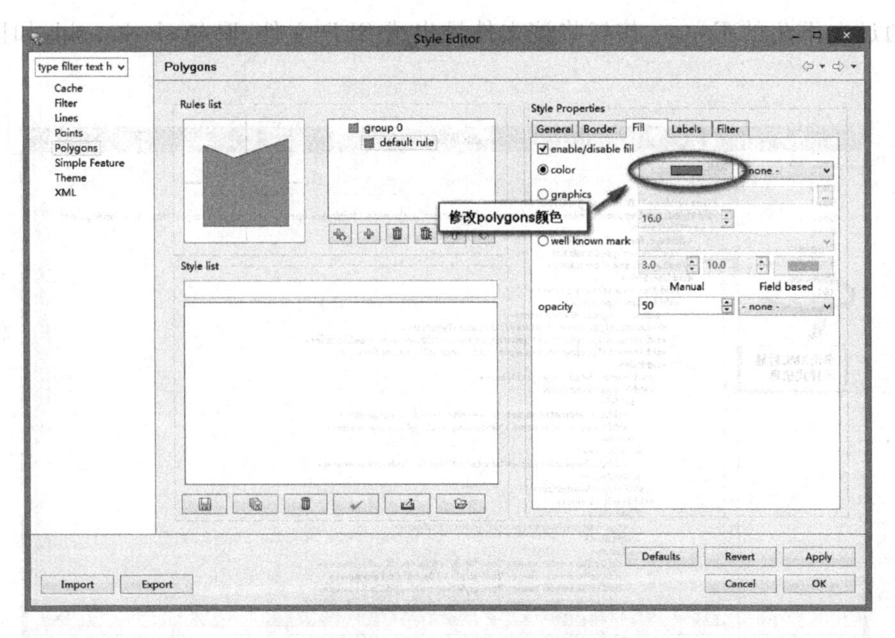

图 6-35 修改 polygons 颜色

(6) 单击 Labels 选项卡选择 enable/disable labeling 并选中 name 字段用于标注图

层，如图 6-36 所示。

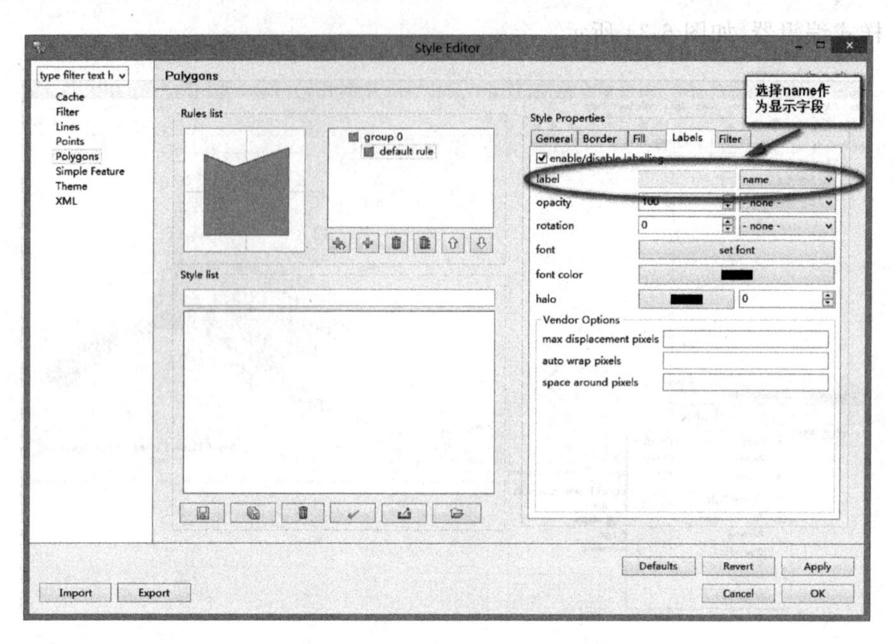

图 6-36　选择要显示的字段

(7) 至此已经修改好了样式，接下来需要将修改的样式导出。在 Style Editor 界面栏目中，单击 XML 项后，我们可以在界面中看到以 XML 形式存储的地图样式文件。我们需要通过左下角的 Export 按钮将该文件导出成 SLD 文件，取名 alaska. sld，如图 6-37 所示。

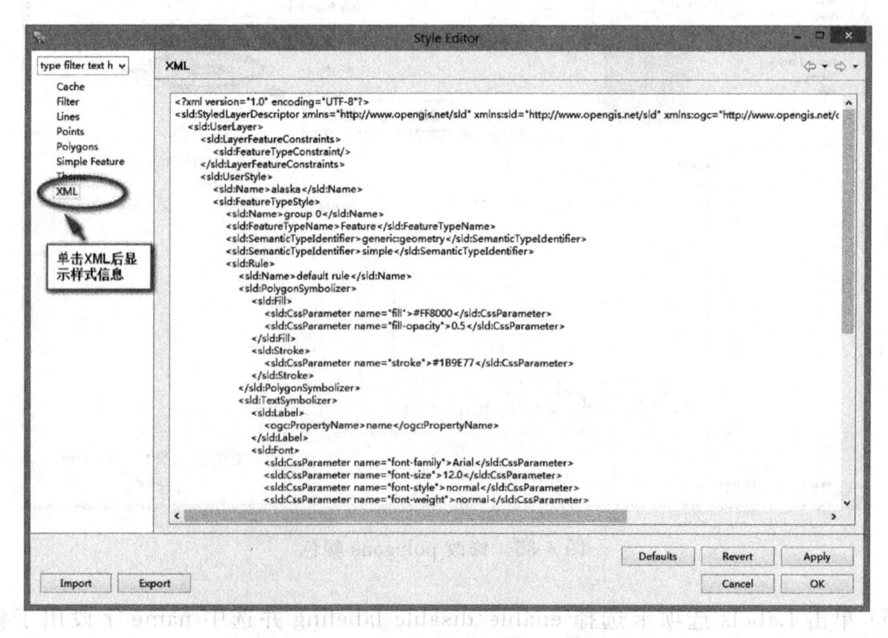

图 6-37　以 XML 形式存储的地图样式

(8) 返回Udig软件主界面，可预览新样式，如图6-38所示。

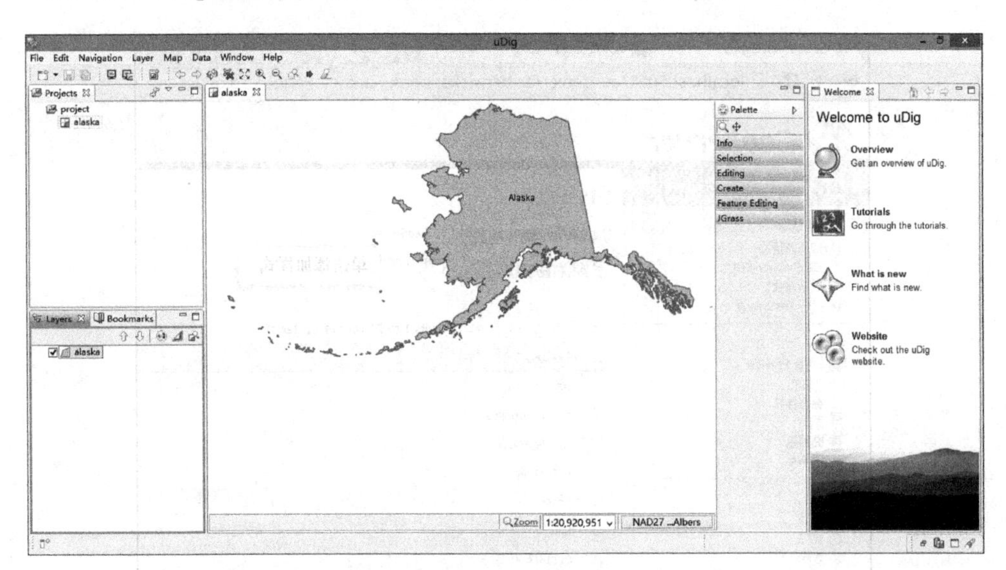

图6-38 预览新样式

6.4.2 在GeoServer中为发布地图添加地图样式

完成以上样式设置后，我们需要将其发布在GeoServer上。

(1) 首先打开GeoServer服务，然后在浏览器中打开GeoServer的管理界面。在数据选项卡中单击Styles按钮，如图6-39所示。

图6-39 打开Styles界面

（2）单击 Add a new style 项，新建一个样式，如图 6-40 所示。

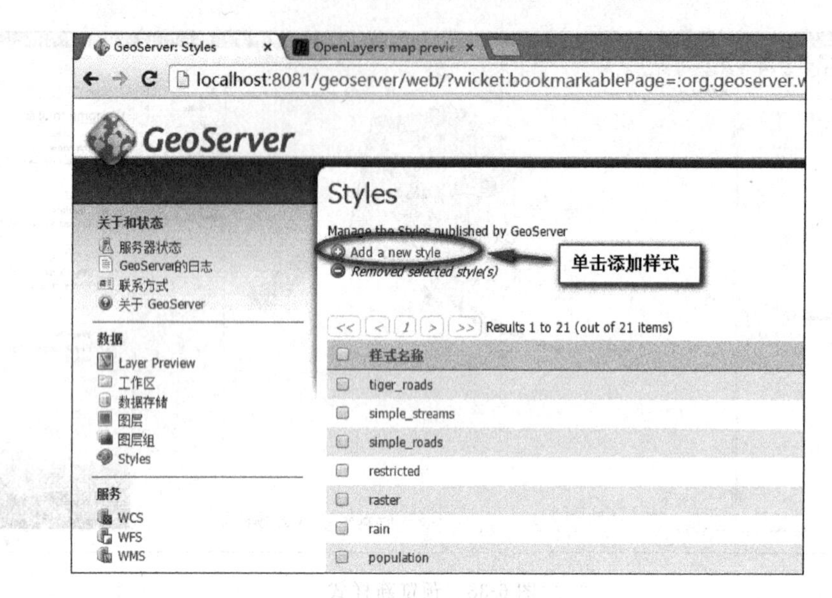

图 6-40　添加新样式

（3）编辑新样式，添加新样式的名称和工作区，我们选用上一节所建立的 Test 工作区作为样式的存放工作区，如图 6-41 所示。

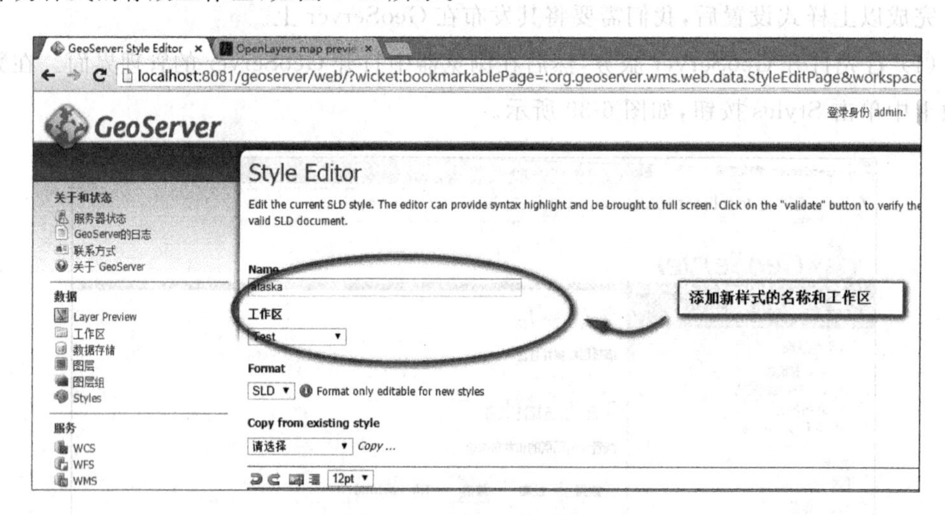

图 6-41　编辑新样式信息

（4）接下来导入样式文件，可以选择直接复制在 Udig 中生成的 XML 样式，也可以选择将导出的 SLD 文件导入。本实验我们选择导入 SLD 文件，如图 6-42 所示。

（5）选中上一个实验保存的 SLD 文件后，单击 Upload 按钮上传文件，如图 6-43 所示。

（6）加载完样式文件后显示地图样式，如图 6-44 所示。

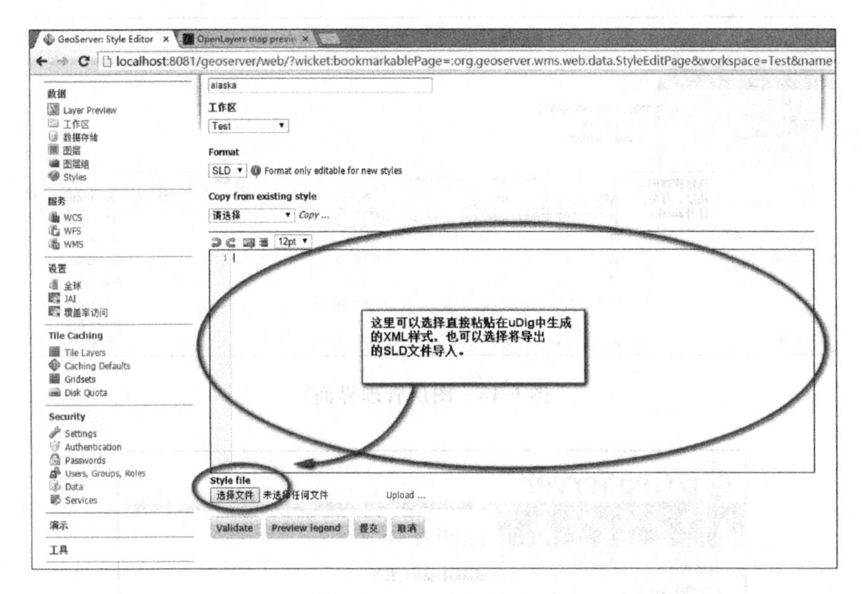

图 6-42　选择 SLD 文件

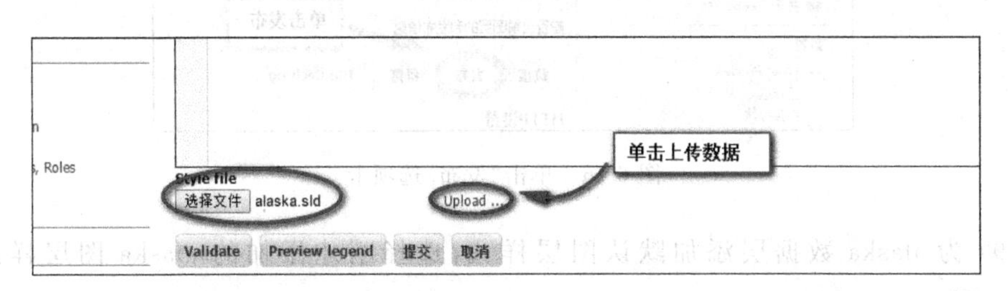

图 6-43　上传样式文件

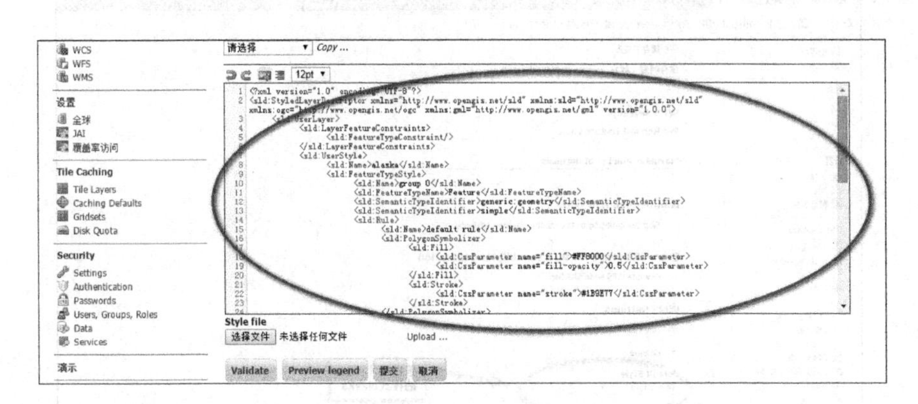

图 6-44　样式文件显示

(7) 接下来在 GeoServer 中打开图层管理界面，并如图 6-45 所示单击打开上一个实验所发布的 alaska 数据。

(8) 进入 alaska 图层数据管理界面，单击“发布”选项卡，进行样式设置，如图 6-46 所示。

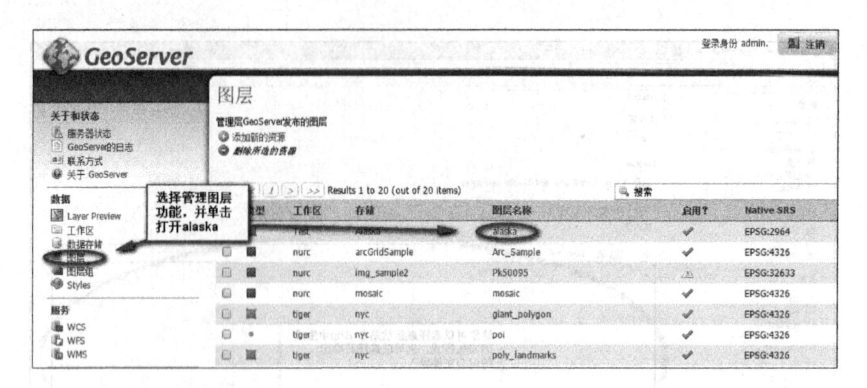

图 6-45　图层管理界面

图 6-46　单击“发布”选项卡

(9) 为 alaska 数据层添加默认图层样式，选择刚才添加的 alaska 图层样式，如图 6-47 所示。

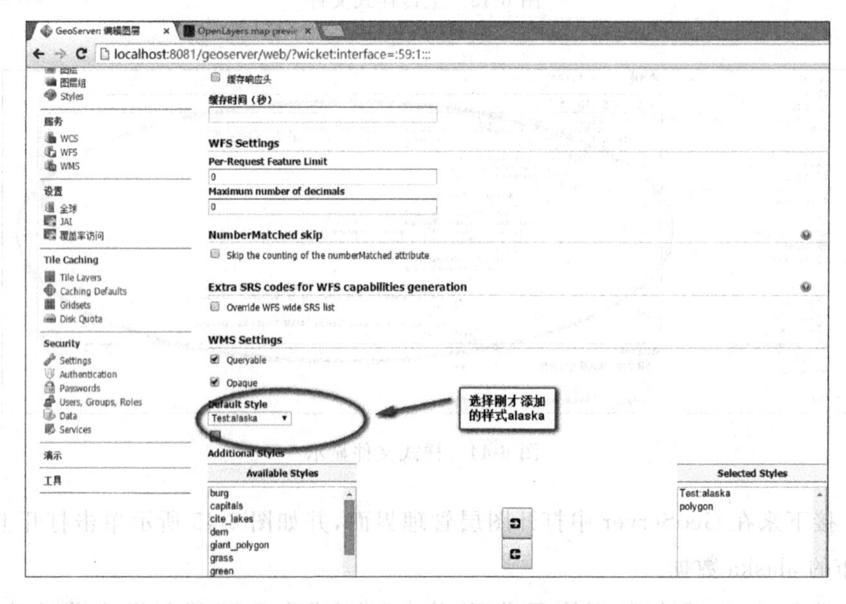

图 6-47　选择默认地图样式

(10) 在主管理界面中的图层预览中预览添加样式后的地图,如图 6-48 所示。

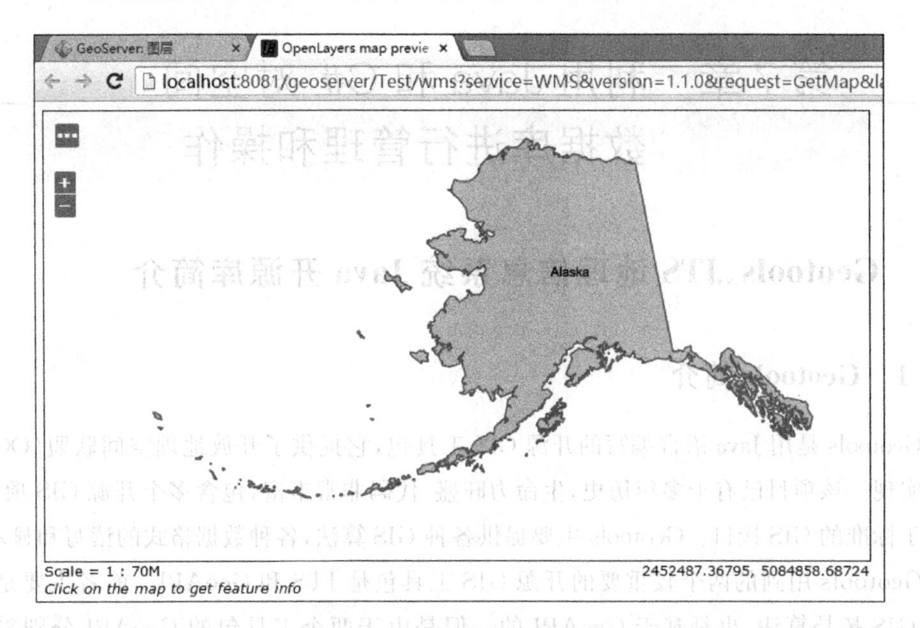

图 6-48 预览添加样式后的地图

第7章　利用Java和C#对空间数据库进行管理和操作

7.1　Geotools、JTS地理信息系统Java开源库简介

7.1.1　Geotools简介

Geotools是用Java语言编写的开源GIS工具包，它提供了开放地理空间联盟(OGC)规范的实现。该项目已有十多年历史，生命力旺盛，代码非常丰富，包含多个开源GIS项目，并且基于标准的GIS接口。Geotools主要提供各种GIS算法，各种数据格式的读写和显示。

Geotools用到的两个较重要的开源GIS工具包是JTS和GeoAPI。前者主要是实现各种GIS拓扑算法，也是基于GeoAPI的。但是由于两个工具包的GeoAPI分别采用不同的Java代码实现，所以在使用时需要相互转换。Geotools又根据二者定义了部分自己的GeoAPI，所以代码显得臃肿，有时容易混淆。由于GeoAPI进展缓慢，Geotools自己对其进行了扩充。另外，Geotools现在还只是基于2D图形的，缺乏对3D空间数据算法和显示的支持。

Geotools作为GIS开源社区的重要成员，实现了OGC和ISO的大部分行业标准。实现的标准有WMS、WFS、WCS、WPS和SLD等标准的OGC规范。

7.1.2　JTS简介

JTS(Java Topology Suite)是一个开源的Java软件库，它提供了欧氏平面线性几何对象模型以及一组基本几何函数。JTS主要旨在作为基于矢量的地球数学软件的核心组件，诸如地理信息系统，还可以用作一个通用的库提供几何计算。JTS实现在OpenGIS联盟简单要素规范的SQL定义的几何模型和API。JTS描述了构建空间应用程序符合标准的几何体系；包括Viewer、空间查询处理器、数据验证、清洗和集成工具。Udig和GeoServer的底层使用了JTS库。

7.2　利用Geotools和JTS对PostgreSQL空间数据库进行空间数据分析

本节实验我们采用的JTS版本为1.13(下载网址：http://ncu.dl.sourceforge.net/project/jts-topo-suite/jts/1.13/jts-1.13.zip)，Geotools的版本为13.1(下载网址：

http://sourceforge.net/projects/geotools/files/latest/download? source=files)，postgresql 的 jdbc 驱动版本为 9.3(下载网址：https://jdbc.postgresql.org/)，实验数据为美国阿拉斯加州的河流数据。

7.2.1 新建 Java 项目

打开 Eclipse 新建一个 Java 项目，如图 7-1 所示。

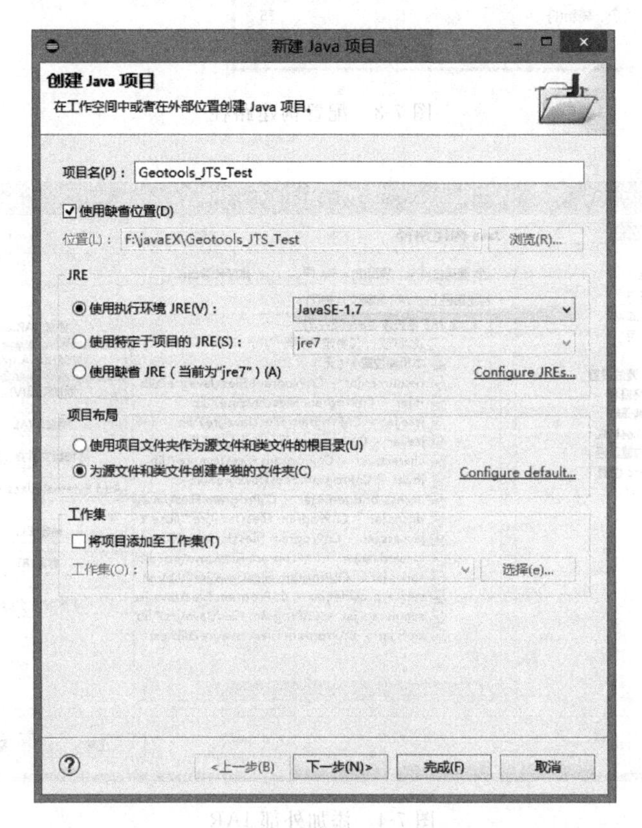

图 7-1　新建 Java 项目

新建完 Java 项目之后可以在左侧的资源管理器中看到新建的项目，右击"JRE 系统库"，如图 7-2 所示。

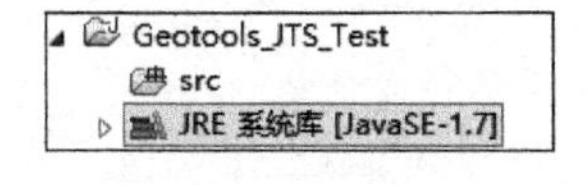

图 7-2　资源管理器中的项目

单击"构建路径"下的"配置构建路径"命令项，如图 7-3 所示。

单击"添加外部 JAR"按钮，将下载的 JTS 和 Geotools 中的 JAR 包全部添加到项目中，再将 PostgreSQL 的 jdbc 驱动 jar 包添加到项目中，如图 7-4 所示。

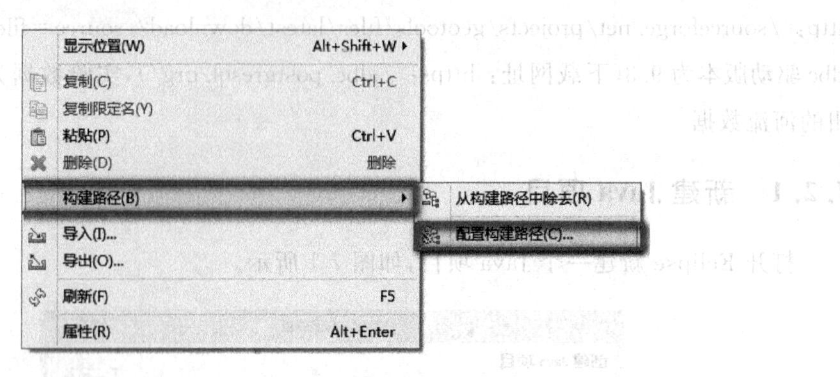

图 7-3 配置构建路径

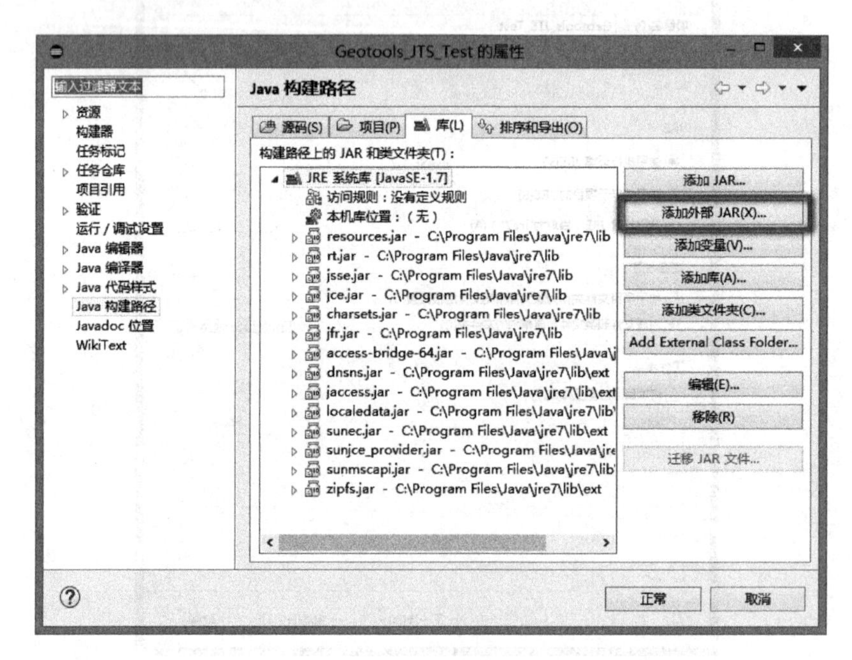

图 7-4 添加外部 JAR

7.2.2 代码实现

右击在项目根目录下的 src 文件夹，新建一个 Java 类 PostGISHelper，用来实现从数据库中读取数据，如图 7-5 所示。

实现代码如下：

```
package cn.edu.zafu;
import java.sql.Connection;
import java.sql.DriverManager;
import java.sql.ResultSet;
import java.sql.SQLException;
```

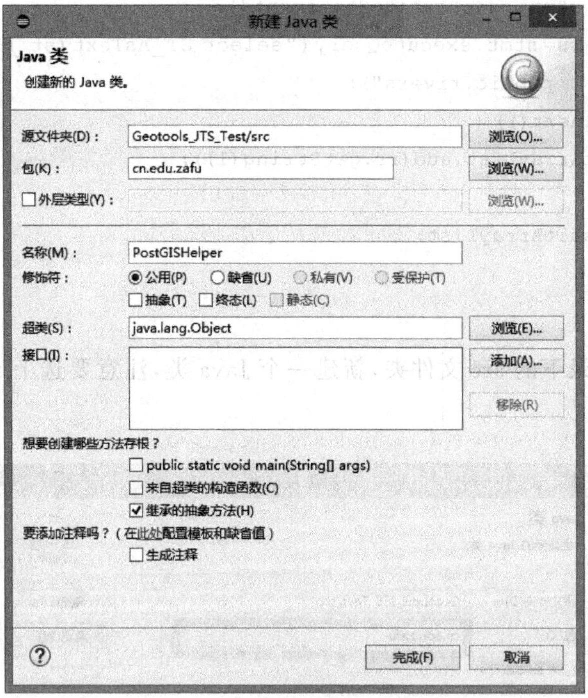

图 7-5 添加一个 Java 类

```
import java.sql.Statement;
import java.util.ArrayList;

public class PostGISHelper {
    private Connection conn;      //数据库连接
    public PostGISHelper() throws Exception {
        Class.forName("org.postgresql.Driver");
        String url ="jdbc:postgresql://localhost:5432/test";
        conn=DriverManager.getConnection(url, "postgres", "qwer
            t");
    }

    public void destroy() throws SQLException {
        if (conn !=null) {
            conn.close();
        }
    }

    //从数据库中加载 wkt 数据
public ArrayList<String>getWKTFromGEOM() throws SQLException {
    ArrayList<String>resultArrayList=new ArrayList<String>();
```

```
        Statement stmt=conn.createStatement();
        ResultSet rs=stmt.executeQuery("select ST_AsText(st_buffer (geom,2000))
        as geom from public.rivers");
        while (rs.next()) {
            resultArrayList.add(rs.getString(1));
          }
        return resultArrayList;
    }
}
```

右击项目根目录下的 src 文件夹，新建一个 Java 类，注意要选上 main 方法，如图 7-6 所示。

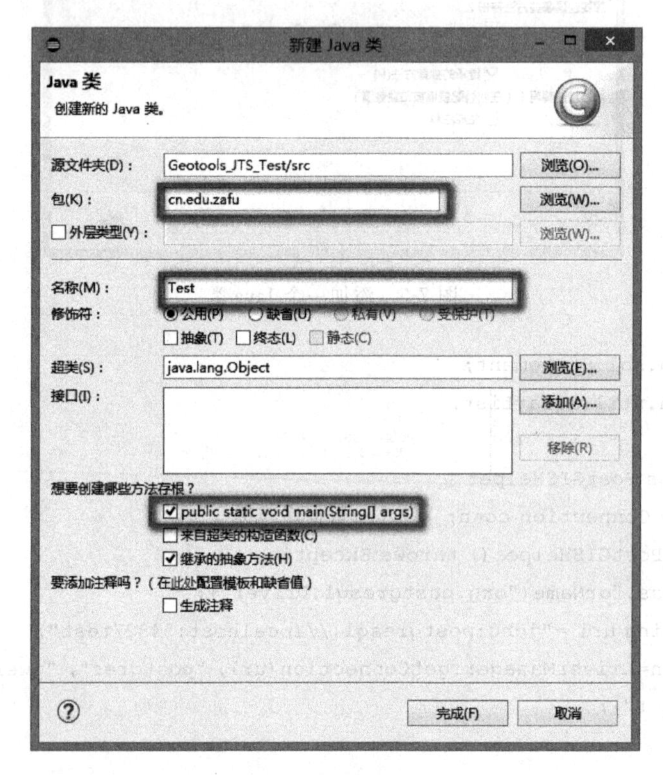

图 7-6　新建 Java 类

实现代码如下：

```
package cn.edu.zafu;
import java.awt.Color;
import java.util.ArrayList;
import org.geotools.feature.DefaultFeatureCollection;
import org.geotools.feature.FeatureCollections;
import org.geotools.feature.simple.SimpleFeatureBuilder;
```

```
import org.geotools.feature.simple.SimpleFeatureTypeBuilder;
import org.geotools.map.FeatureLayer;
import org.geotools.map.Layer;
import org.geotools.map.MapContent;
import org.geotools.referencing.crs.DefaultGeographicCRS;
import org.geotools.styling.SLD;
import org.geotools.styling.Style;
import org.geotools.swing.JMapFrame;
import org.opengis.feature.simple.SimpleFeature;
import org.opengis.feature.simple.SimpleFeatureType;
import com.vividsolutions.jts.geom.Geometry;
import com.vividsolutions.jts.geom.Polygon;
import com.vividsolutions.jts.io.WKTReader;

public class Test {
    public static void main(String[] args) {
    //TODO 自动生成的方法存根
    GeometricTest geometricTest=new GeometricTest();
    try {
        geometricTest.init();
        PostGISHelper postGISHelper=new PostGISHelper();
        ArrayList<String>resultList=new ArrayList<String>();
        resultList=postGISHelper.getWKTFromGEOM();
        ArrayList<Geometry>geometryArrayList=
                new ArrayList<Geometry>();
        WKTReader wktReader=new WKTReader();          //实例化 WKT 阅读器
        for (String wkt : resultList) {
            geometryArrayList.add(wktReader.read(wkt));
        }
            DefaultFeatureCollection collection = (DefaultFeatureCollection)
            FeatureCollections.newCollection();      //地图要素集合
            for (Geometry geometry : geometryArrayList) {
            SimpleFeatureTypeBuilder builder=
                    new SimpleFeatureTypeBuilder();
            builder.setName("test");
            builder.crs(DefaultGeographicCRS.WGS84);
            builder.add("the_geom", Polygon.class);
            SimpleFeatureType featureType=
                    builder.buildFeatureType();
            SimpleFeatureBuilder featureBuilder=
                    new SimpleFeatureBuilder(featureType);
            featureBuilder.add(geometry);
```

```
                SimpleFeature feature=
                        featureBuilder.buildFeature(null);
                collection.add(feature);
            }
                MapContent map=new MapContent();
                map.setTitle("buffer");
                SimpleFeatureTypeBuilder builder=
                            new SimpleFeatureTypeBuilder();
                builder.setName("test");
                builder.add("the_geom", Polygon.class);
                SimpleFeatureType featureType=
                            builder.buildFeatureType();
                Style style=
                SLD.createSimpleStyle(featureType, Color.BLUE);
                Layer layer=new FeatureLayer(collection, style);
                map.addLayer(layer);
                //显示地图
                JMapFrame.showMap(map);
            } catch (Exception e) {
                e.printStackTrace();
            }
        }
    }
```

运行程序后出现如图 7-7 所示的效果。

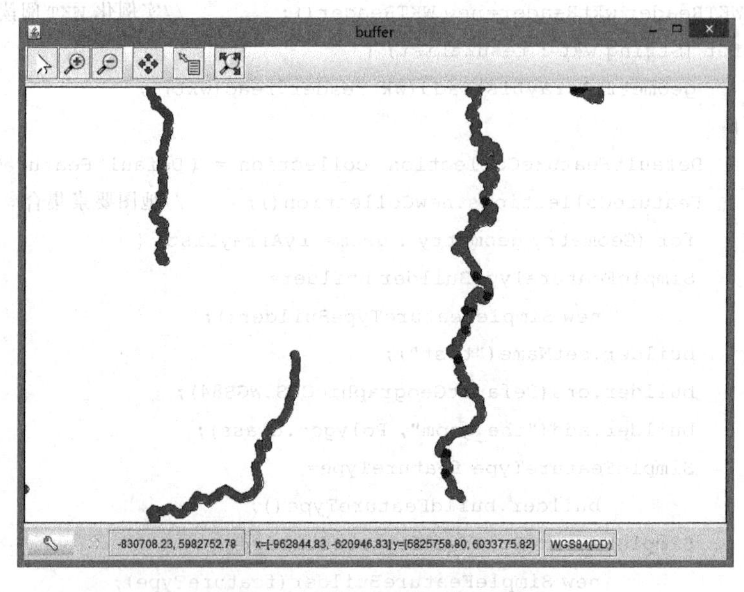

图 7-7　运行程序后的显示效果

7.3 NetTopologySuite 地理信息系统 C#开源库简介

NetTopologySuite 是著名 Java Topology Suite 的 C#/.NET 版本，简称 NTS，是一个 OpenGIS 标准的 GIS 分析与操作类库。NTS 项目提供了一个基于.NET 版本，具有快速、稳定的特点，可以应用于所有.NET 平台，包括各类嵌入式设备(.NET Compact Framework)的 GIS 解决方案。

7.4 利用 NetTopologySuite 对 PostgreSQL 空间数据库进行空间数据分析

本节实验用到的开发工具为 Visual Studio 2012，用到的 NetTopologySuite 版本为.NET 4.0版本。本实验的目的是利用 NetTopologySuite 读取从 PostgreSQL 进行空间分析后的数据，并导出成 Shape 文件，实验数据为美国阿拉斯加州的河流数据。

7.4.1 新建控制台应用程序

打开 Visual Studio 2012，新建一个控制台应用程序，在解决方案的引用中添加 PostgreSQL 的数据库驱动 Npgsql.dll、GeoAPI.dll、NetTopologySuite.dll 和 NetTopologySuite.IO.GeoTools.dll，如图 7-8 所示。

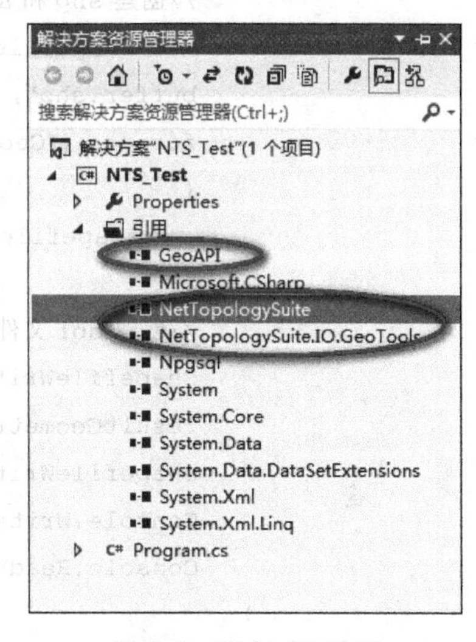

图 7-8 添加 dll 引用

7.4.2 代码实现

```
public class Program
    {
        static void Main(string[] args)
        {
            //连接字符串
        string ConnStr="Server=127.0.0.1;Port=5432;UserId=postgres;Password=
       qwert;Database=test;";
        NpgsqlConnection _conn=new NpgsqlConnection(ConnStr);
        double bufferLength=10000;
            //查询字符串
        string strSql=string.Format("select ST_AsBinary(st_buffer (geom,{0}))
        as geom from public.rivers",
```

```
                bufferLength);
            using (var da=new NpgsqlDataAdapter(strSql, _conn))
            {
                var ds=new DataSet();
                da.Fill(ds);
                var wkbReader=new WKBReader();      //实例化 WKB 阅读器
                //存取数据库中读出来的空间数据
                var resultGeometrys=new List<IGeometry>();
                foreach (DataRow mDr in ds.Tables[0].Rows)
                {
                    //将二进制的 WKB 数据转换为 Geometry 对象
                    resultGeometrys.Add(
                      wkbReader.Read((byte[])mDr["geom"]));
                }
                //创建 shp 和 shx 文件
                var shapefileWriter = new ShapefileWriter (@" F:\Test\rivers_
                buffer.shp", ShapeGeometryType.Polygon);
                foreach (IGeometry polygon in resultGeometrys)
                {
                    shapefileWriter.Write(polygon);
                }
                //创建 dbf 文件
                ShapefileWriter.WriteDummyDbf(@"F:\Test\rivers_buffer.dbf",
                resultGeometrys.Count);
                shapefileWriter.Close();
                Console.WriteLine("生成成功!");
                Console.ReadKey();
            }
        }
    }
```

7.4.3 在 QGIS 中查看生成的 Shape 文件

运行 7.4.2 中的程序代码，编写的程序直接执行，执行的结果如图 7-9 所示。生成的 Shape 文件位于 F:\Test\rivers_buffer. shp 中。

打开 QGIS 软件，加载位于 F:\Test\rivers_buffer. shp 处的 Shape 文件，结果如图 7-10 所示。从生成的结果可以看出，每条河流都已经进行了 10000 米的缓冲区分析。

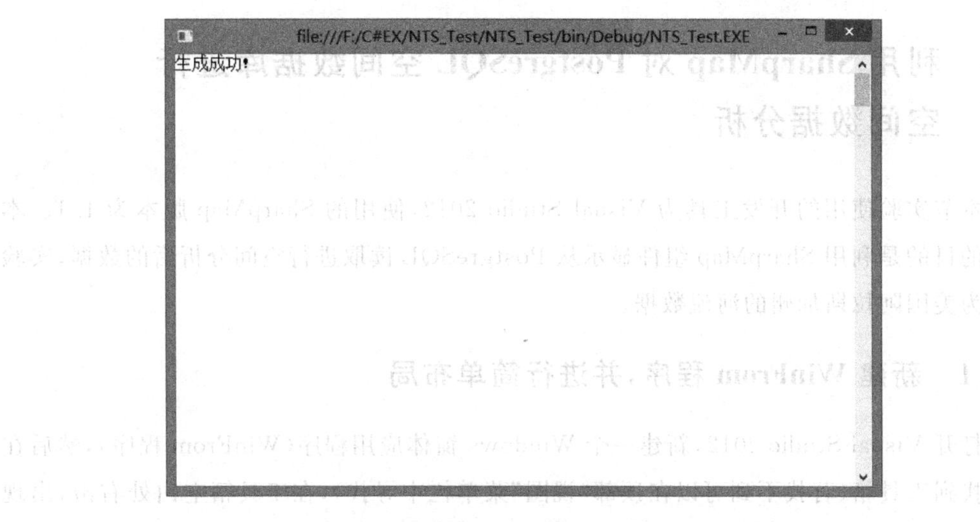

图 7-9　运行控制台程序

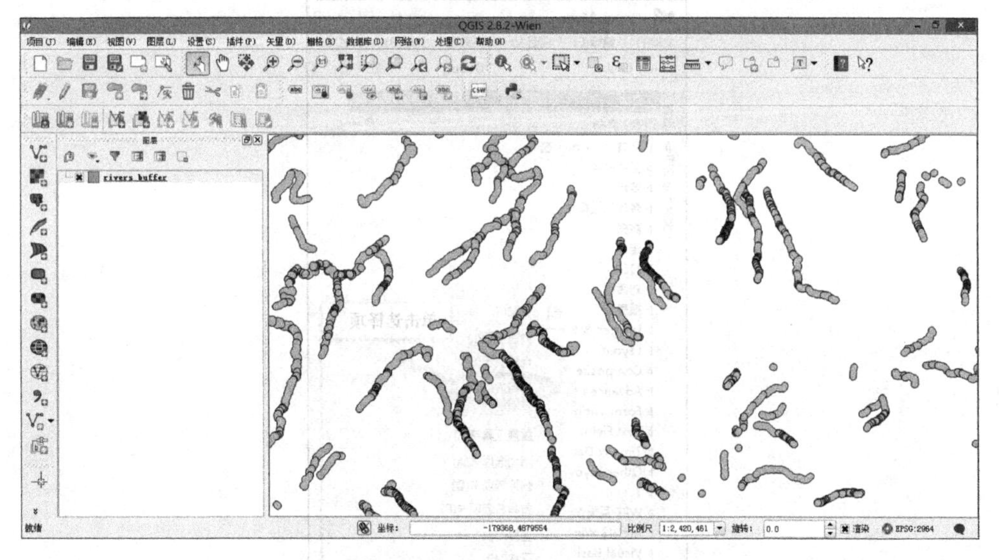

图 7-10　在 QGIS 中查看生成的 Shape 文件

7.5　SharpMap 地理信息系统 C#开源库简介

SharpMap 是一个使用便捷，由 C#语言编写的地图渲染类库。它可以渲染各类 GIS 数据，支持 ESRI Shape 和 PostGIS 格式，并提供了访问多种类型地理信息数据的方法，实现了数据的空间查询，可以渲染漂亮美观的地图。它的优点是占用资源较少，响应比较快，对于.NET 环境支持较好，使用简单，只要在.NET 项目中引用相应的 dll 文件即可，不需要复杂的安装步骤。

7.6 利用 SharpMap 对 PostgreSQL 空间数据库进行空间数据分析

本节实验使用的开发工具为 Visual Studio 2012，使用的 SharpMap 版本为 1.1。本实验的目的是利用 SharpMap 组件显示从 PostgreSQL 读取进行空间分析后的数据，实验数据为美国阿拉斯加州的河流数据。

7.6.1 新建 WinFrom 程序，并进行简单布局

打开 Visual Studio 2012，新建一个 Windows 窗体应用程序(WinFrom 程序)，然后在左侧找到工具箱(若找不到可以在顶部“视图”菜单栏中寻找)，在工具箱空白处右击，出现如图 7-11 所示界面，单击选择项。

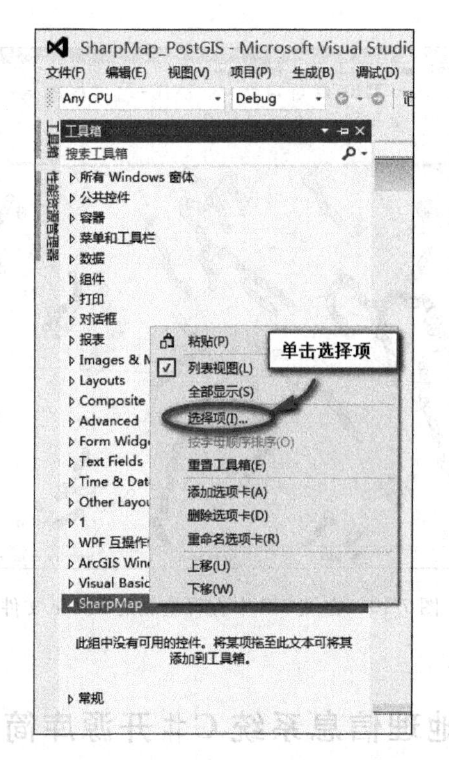

图 7-11　添加 SharpMap 的 UI 组件

在出现的.Net Framework 组件下，打开“浏览”，加载从官网下载的 SharpMapUI.dll，如图 7-12 所示。

单击“打开”按钮，在工具箱的“常规”目录下，出现如图 7-13 所示选项。

在解决方案中添加 PostgreSQL 的数据库驱动 Npgsql.dll、SharpMap.dll 和

SharpMap. Extensions. dll 等，如图 7-14 所示。

图 7-12　加载官网 dll

图 7-13　组件显示

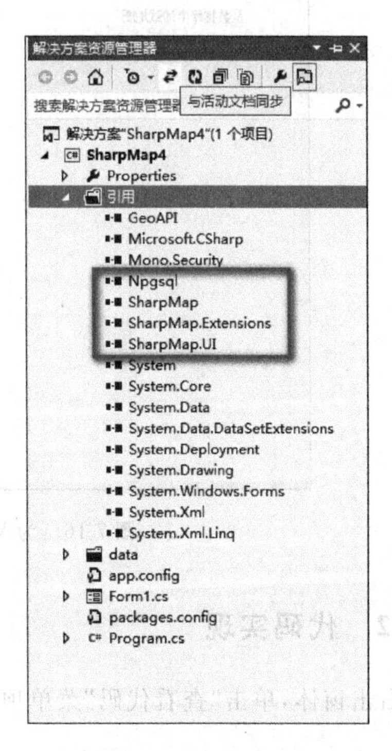

图 7-14　添加引用

将 MapBox 控件拖入到 From1 中，并设置背景色为白色，停靠栏设置为 Fill（如图 7-15 所示），然后添加两个按钮，分别用来加载从数据库中加载地图和进行缓冲区分析，以及一个 TextBox 用来设定缓存区的半径（如图 7-16 所示）。

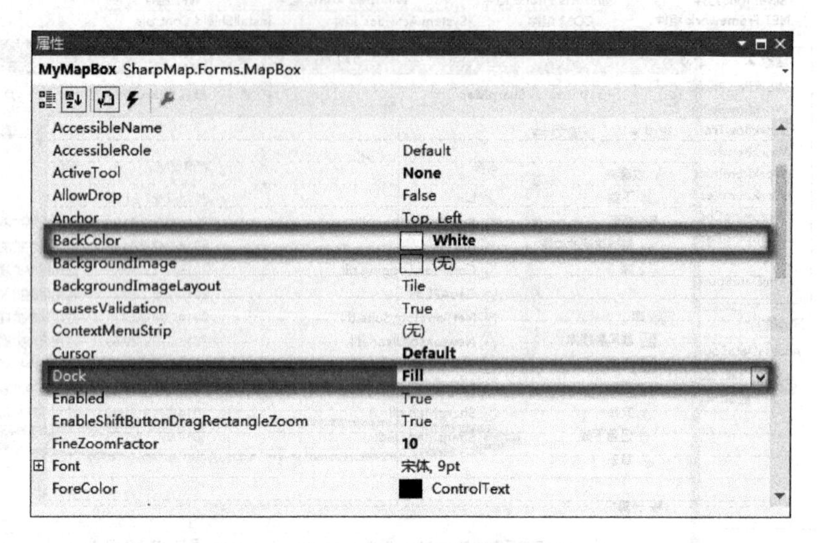

图 7-15　为 WinFrom 进行简单布局（一）

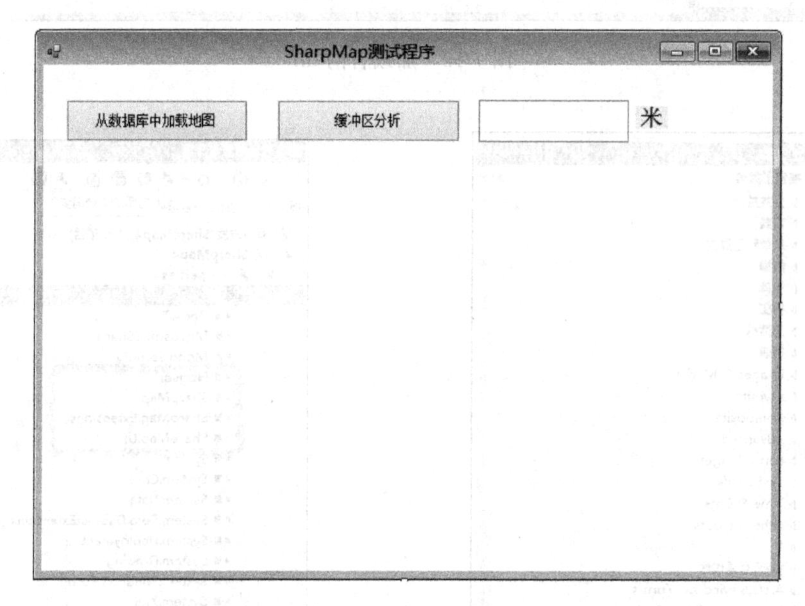

图 7-16　为 WinFrom 进行简单布局（二）

7.6.2　代码实现

右击窗体，单击“查看代码”菜单项，实现下面代码。

```
public partial class Form1 : Form
```

```
{
    private readonly NpgsqlConnection _conn;
        //连接字符串
    private const string ConnStr = " Server = 127. 0. 0. 1; Port = 5432; UserId =
   postgres;Password=qwert;Database=test;";
    public Form1()
    {
            InitializeComponent();
            _conn=new NpgsqlConnection(ConnStr);        //实例化链接
    }
}
```

双击"从数据库中加载地图"按钮,添加单击事件。

```
private void LoadMapBtn_Click(object sender, EventArgs e)
{
      var vlay=new VectorLayer("rivers") { DataSource=
              new PostGIS(ConnStr, "rivers", "geom", "id")};
      MyMapBox.Map.Layers.Add(vlay);                //加载矢量图层
      MyMapBox.Map.ZoomToExtents();                 //将地图显示在可视区中
      MyMapBox.Refresh();                           //刷新地图
      //使地图可以拖动
      MyMapBox.ActiveTool=MapBox.Tools.Pan;
}
```

双击"缓冲区分析"按钮,添加单击事件。

```
private void BufferBtn_Click(object sender, EventArgs e)
{
     //查询字符串
     double bufferLength=double.Parse(textBox1.Text);
     string strSql=string.Format("select ST_AsBinary(st_buffer (geom,{0})) as
     geom from public.rivers",bufferLength);
     using (var da=new NpgsqlDataAdapter(strSql, _conn))
     {
         var ds=new DataSet();
         da.Fill(ds);
         //存取数据库中读出来的空间数据
         var resultGeometrys=new List<IGeometry>();
         foreach (DataRow mDr in ds.Tables[0].Rows)
         {
             //将二进制的 WKB 数据转换为 Geometry 对象
             resultGeometrys.Add(GeometryFromWKB.Parse(
                         (byte[]) mDr["geom"], null));
         }
```

```
            var vlay=new VectorLayer("rivers_buffer")
            {
                    //给缓冲区图层一个数据源
            DataSource=new GeometryProvider(resultGeometrys)
            };
            var style1=new VectorStyle
            {
              Fill=new SolidBrush(Color.CornflowerBlue),
              EnableOutline=true,
              Outline=new Pen(Brushes.Black, 1.2f)
            };                                          //自定义地图渲染样式
            vlay.Style=style1;                          //设置缓冲区样式
            MyMapBox.Map.Layers.Add(vlay);              //在 Map 中加载缓冲区
            MyMapBox.Refresh();                         //刷新地图
        }
    }
```

7.6.3 实现效果

运行 7.6.2 节中的代码，程序执行，出现如图 7-17 所示的结果。从该图中可以看出，SharpMap 正确显示了 Shape 文件中的河流数据。

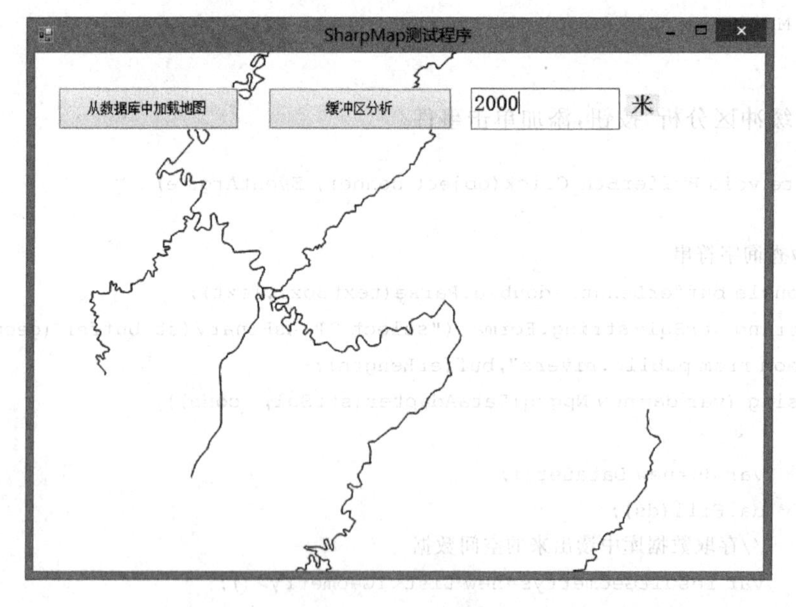

图 7-17 利用 SharpMap 从数据库加载地图

单击图 7-17 中的"缓冲区分析"按钮，对河流进行 2000 米的缓冲区分析，执行的结果如图 7-18 所示。

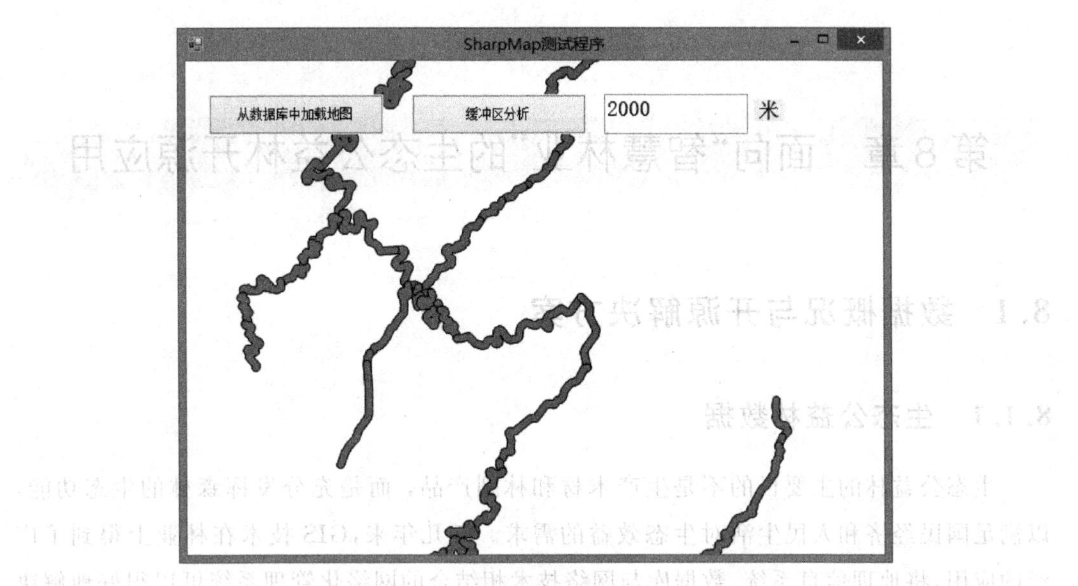

图 7-18　“缓冲区分析”结果

第8章　面向"智慧林业"的生态公益林开源应用

8.1　数据概况与开源解决方案

8.1.1　生态公益林数据

生态公益林的主要目的不是生产木材和林副产品，而是充分发挥森林的生态功能，以满足国民经济和人民生活对生态效益的需求。近几年来，GIS技术在林业上得到了广泛的应用，将地理信息系统、数据库与网络技术相结合的网络化管理系统可以很好地解决面向"智慧林业"生态公益林空间数据库的建设与管理。

生态公益林数据源通常包含空间数据和属性数据。空间数据用于表征地理实体的空间位置相关的信息，如点的坐标、公益林小班的坐落；属性数据是概念和量度的抽象，如小班的面积、优势树种等。本案例以浙江省临安市潜川镇的生态公益林矢量数据为基础数据，同时提供潜川镇和其下属的行政村的行政边界矢量数据。

8.1.2　开源解决方案的总体思路

我国林业信息化的发展经历了十多年数字林业的过程。2013年8月，国家林业局出台了《中国智慧林业发展指导意见》，标志着我国林业信息化由"数字林业"步入"智慧林业"发展新阶段。由此可见，在"智慧林业"方兴未艾蓬勃发展的大背景下，基于GIS来管理具有生态效益的公益林信息显得尤为重要。随着GIS发展，其在各行业的应用逐渐深入，地理空间分析成为很多地学问题解决方案的最佳选择，而GIS软件对这些空间分析算法的完美展现更加促进GIS应用的蓬勃发展。随着OSI(开源基金会)、OSGeo(开源地理空间基金会)等组织的成立、开源成熟产品的推出及OGC等GIS标准的制定，开源GIS伴随开源理念成为GIS中炙手可热的研究领域。桌面、Web、数据库等开源GIS软件在GIS应用舞台中大展拳脚，且由于其完整的源代码开发、支持GIS标准、跨平台、高度可扩展等特性，逐渐对GIS领域产生了强大的革新动力。

目前基于GIS的信息管理系统大多采用成熟的GIS平台或者二次开发平台，软件费用过高，且GIS专业化要求较高。本案例引入开源GIS作为"智慧林业"生态公益林信息入库解决方案的基础软件支持，目的在于解决商业GIS软件费用过高的问题，同时将此案例所用的技术细节贯穿全书，用案例有机整合前面章节的知识。

图 8-1 为本案例的开源解决方案的总体思路，本案例以实现利用开源 GIS 构建生态公益林空间数据库系统，其中包含两条平行副线，即分别在 QGIS 和 PostGIS 环境中完成地理空间数据的入库和管理，最后利用 QGIS 绘制相关专题地图，同时在服务器中完成地图的发布，实现不同终端对地图的浏览。

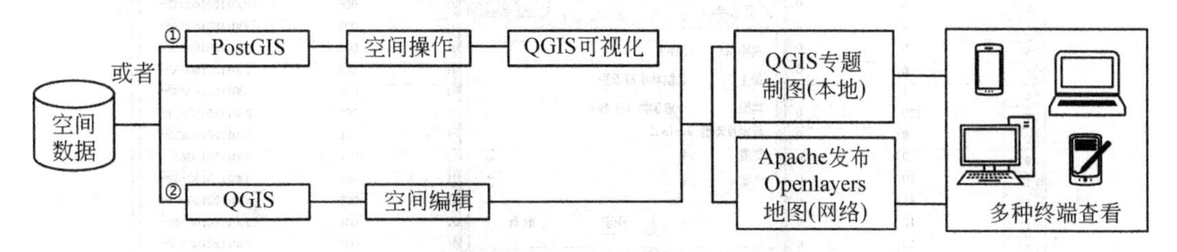

图 8-1　生态公益林信息入库开源解决方案总体思路

8.2　QGIS 对公益林数据的管理与操作

首先，在 QGIS 中连接 PostGIS 空间数据库，生态公益林、县界面和村界面的矢量数据已经存储在空间数据库中，如图 8-2 为 QGIS 成功连接 PostGIS 后在“数据库管理器”对话框中查看 3 个数据表。对每个数据表右击，选择“添加到画布”，即可实现 QGIS 对于 PostGIS 的数据可视化。

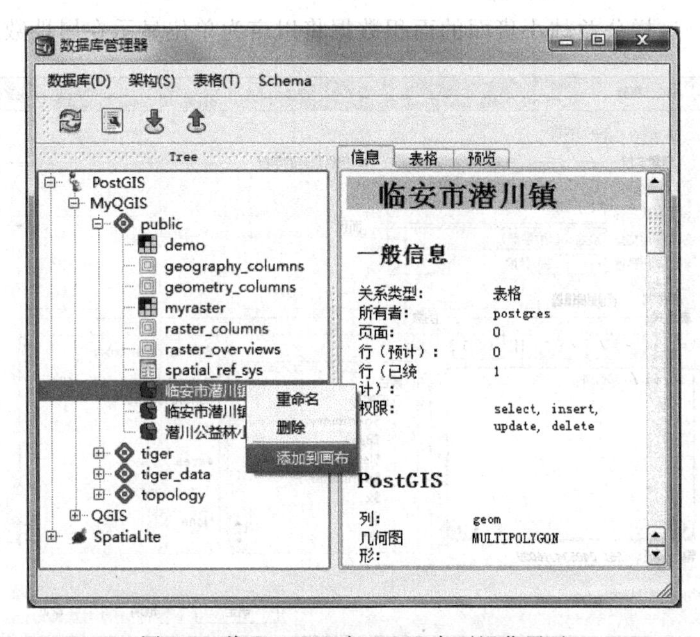

图 8-2　将 PostGIS 在 QGIS 中可视化展示

启用编辑，打开“潜川公益林小班面”属性表，添加面积字段，可以自定义数据精度和宽度，如图 8-3 所示，为接下来计算该镇公益林小班面的面积提供容器。

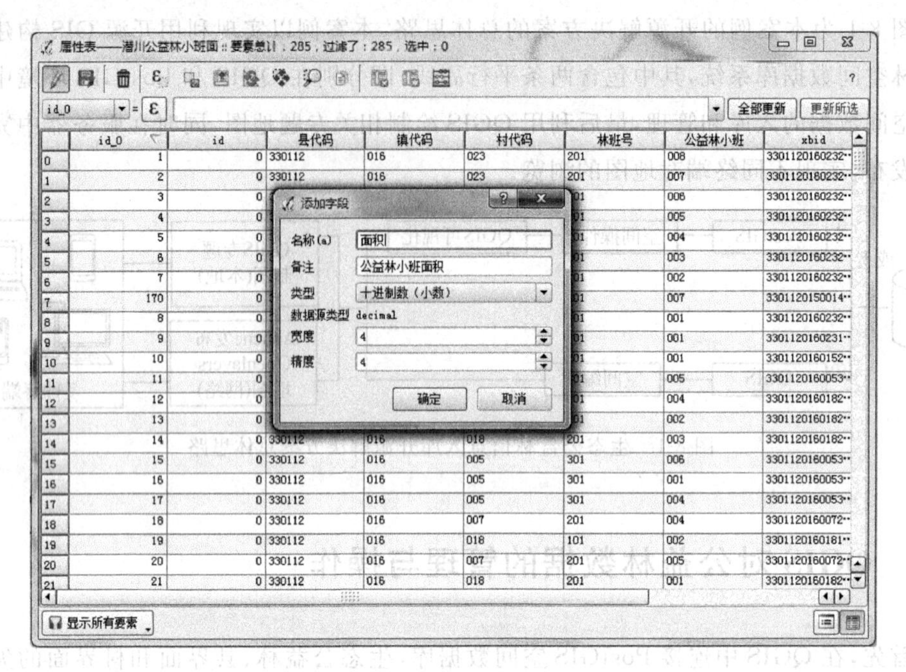

图 8-3 属性表中添加字段

其后，打开字段计算器，利用函数进行计算，由于林地面积的通用单位是亩，QGIS 的面积单位是平方米，故需要对其通过计算来达到转换单位的目的，计算公式为 area / 666.7，如图 8-4 所示。这样公益林小班面的面积数据将以亩为单位显示在属性数据中。

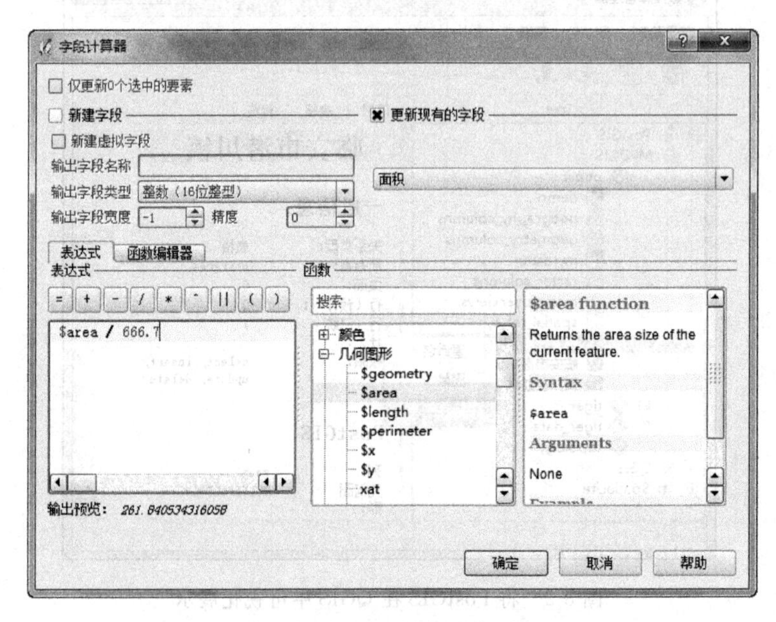

图 8-4 字段计算器计算面积

8.3　PostGIS 对公益林数据的管理与操作

查看空间数据表，对“潜川公益林小班面”数据表进行 SQL 操作，操作代码如下：

```
ALTER TABLE 潜川公益林小班面 ADD COLUMN mianji FLOAT(8);
UPDATE public.潜川公益林小班面 SET mianji=ST_Area(geom)/666.7;
```

首先添加字段，字段名为“mianji”，字段中的数据类型为浮点型，利用 ST_Area(geometry)函数进行面积计算。如果执行成功，即可查询计算结果，如图 8-5 所示。

编辑数据 - PostgreSQL 9.3 (localhost:5432) - mytest - 潜川公益林小班面

文件(F)　编辑(E)　视图(V)　工具(T)　帮助(H)

不限制

	id_0 [PK] ir	geom geometry(M	id integ	县代码 characte	镇代码 charact	村代码 charact	林班号 charac	公益林小班 character v	xbid character va	xrzd1 character va	mianji real
1	1	01060000205	0	330112	016	023	201	008	33011201602	省级公益林	261.841
2	2	01060000205	0	330112	016	023	201	007	33011201602	省级公益林	442.432
3	3	01060000205	0	330112	016	023	201	006	33011201602	省级公益林	412.273
4	4	01060000205	0	330112	016	023	201	005	33011201602	省级公益林	425.999
5	5	01060000205	0	330112	016	023	201	004	33011201602	省级公益林	512.117
6	6	01060000205	0	330112	016	023	201	003	33011201602	省级公益林	452.111
7	7	01060000205	0	330112	016	023	201	002	33011201602	省级公益林	488.721
8	8	01060000205	0	330112	016	023	201	001	33011201602	省级公益林	545.059
9	9	01060000205	0	330112	016	023	101	001	33011201602	省级公益林	170.302
10	10	01060000205	0	330112	016	015	201	001	33011201601	省级公益林	219.971
11	11	01060000205	0	330112	016	005	301	005	33011201600	省级公益林	247.224
12	12	01060000205	0	330112	016	018	201	004	33011201601	省级公益林	528.863
13	13	01060000205	0	330112	016	018	201	002	33011201601	省级公益林	294.587
14	14	01060000205	0	330112	016	018	201	003	33011201601	省级公益林	209.654
15	15	01060000205	0	330112	016	005	301	006	33011201600	国家公益林	223.122
16	16	01060000205	0	330112	016	005	301	001	33011201600	国家公益林	154.966
17	17	01060000205	0	330112	016	005	301	004	33011201600	国家公益林	77.6181
18	18	01060000205	0	330112	016	007	201	004	33011201600	国家公益林	86.1874

285 行。

图 8-5　计算面积成功后在数据表中查询结果

8.4　QGIS 专题地图的制作

在前两节，分别在 QGIS 和 PostGIS 环境中完成了对空间矢量数据的编辑与操作，本节将会介绍在 QGIS 环境中完成专题分布图的制作。将 PostGIS 中的空间数据加载到 QGIS 画布中，设置每个图层的颜色、便签等基本属性。选择“新建打印版面按钮”，创建打印版面的名称后，QGIS 将会进入地图制作窗口，如图 8-6 所示。

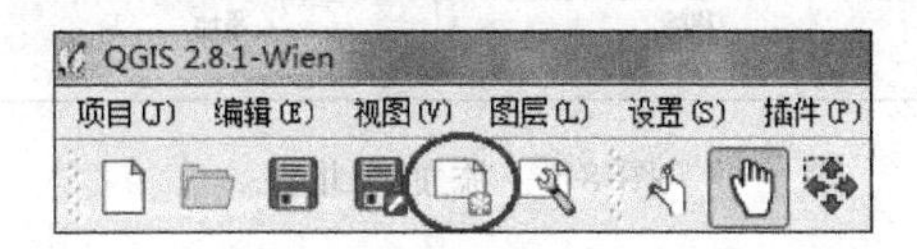

图 8-6　新建打印版面按钮

如图 8-7 所示为打印版面的基本工具，专题地图的制作大多依赖于这些工具，其中条目和项目是两个不同的概念，项目是指待完成的整个专题图上的所有内容；条目是指项目中的实体元素，例如地图中的地图、指北针、比例尺和图名等。QGIS 为这些条目配置了非常完备的属性以满足用户制图的要求。

（1）**将地图加载到打印版面**。选择“添加新地图按钮”，在左边的属性栏将会出现调整各个地图的属性选项，将地图的比例调整到适合于目标图纸的数值，如图 8-8 所示。

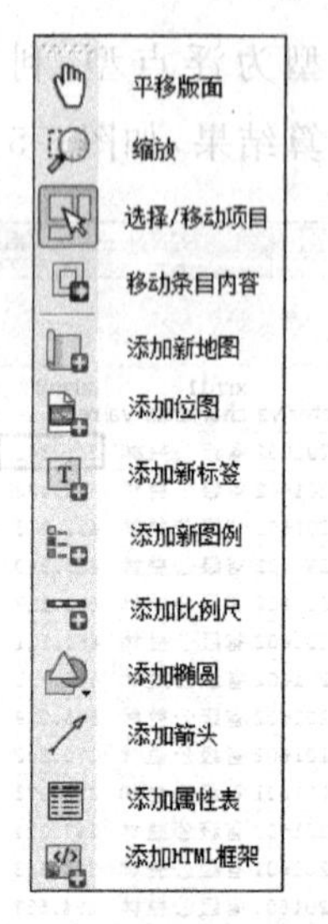

图 8-7 打印版面中的工具条

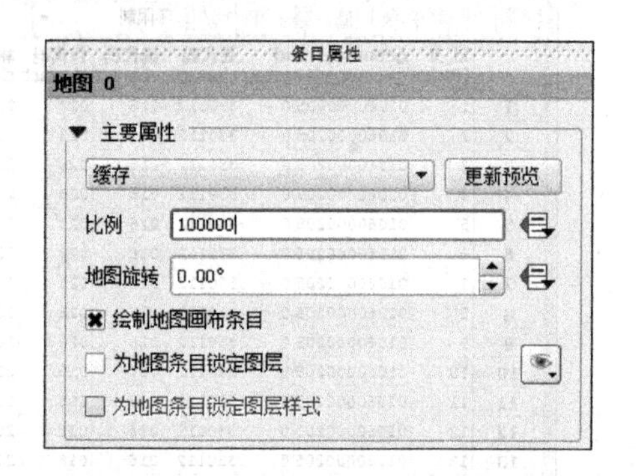

图 8-8 设置地图条目的属性

（2）**添加条目**。该专题地图添加了图名、比例尺、指北针和图例，其中图名、比例尺和图例的添加十分简单，只需要将工具条中的按钮拖放到专题图上即可，但是工具条中并没有提供指北针的按钮。在 QGIS 环境中，指北针是通过添加位图获得，单击“添加位图”，在条目属性设置框中的搜索目录下，QGI 默认提供了各种指北针样式，如图 8-9 所示。

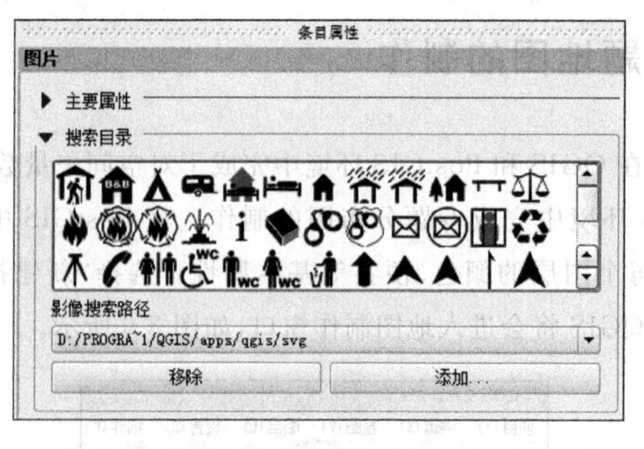

图 8-9 添加指北针

(3) **专题地图展示**。在添加各个条目之后,该专题图基本完成,如图 8-10 所示。

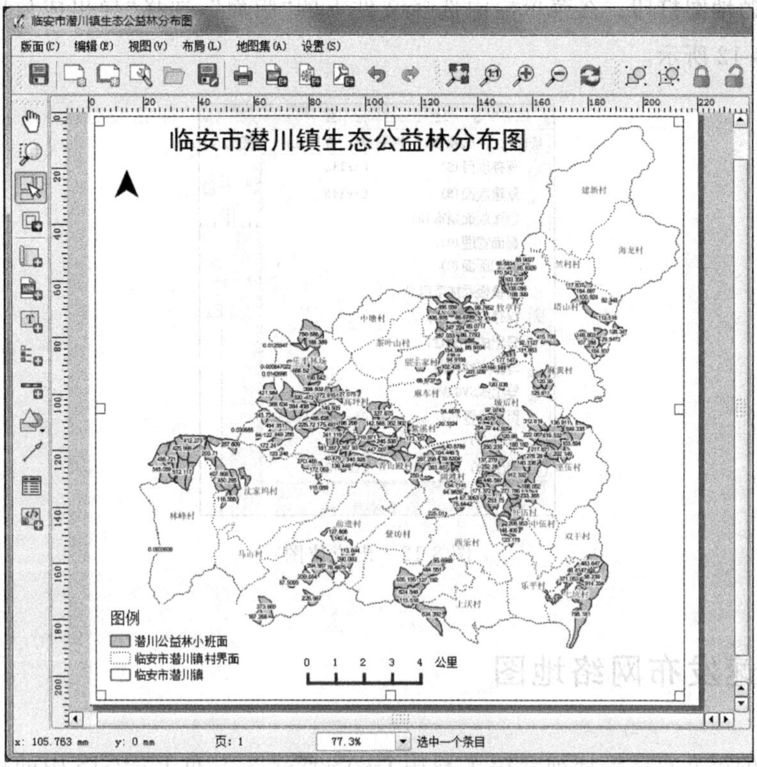

图 8-10 公益林分布图的展示

(4) **专题地图打印设置**。在专题地图制作完成后,可以将专题地图打印输出,首先要设置打印的属性,如图 8-11 所示。单击“结构”选项卡,其中常用的选项为预设的纸张大小和导出的分辨率,此处分辨率的单位是 dpi,一般高清图纸的分辨率为 300 或 600dpi。

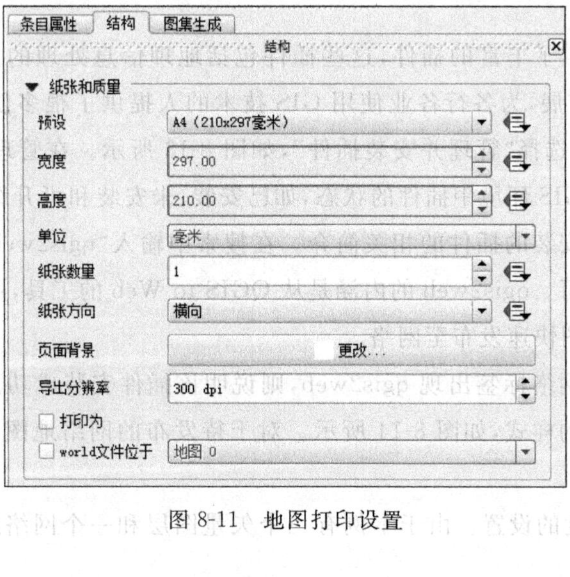

图 8-11 地图打印设置

分辨率越高，图片文件所占的硬盘空间也越大。

(5) **专题地图打印**。在菜单栏中选择文件下的“版面”，选择“导出成位图”即可打印成功，如图 8-12 所示。

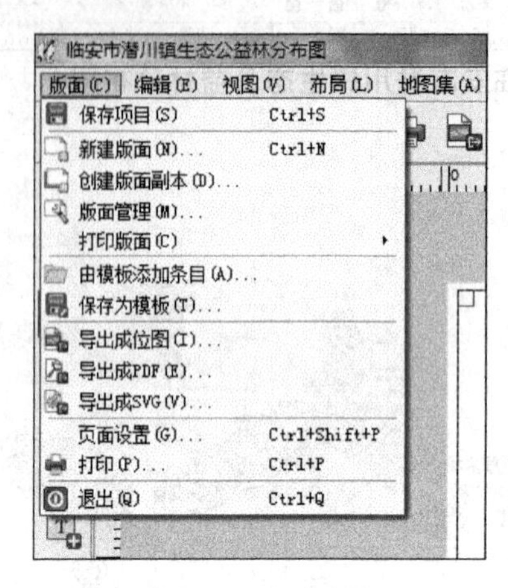

图 8-12　出成位图

8.5　快速发布网络地图

在本书的第 6 章已经详细介绍了利用 GeoServer 来发布 PostGIS 中的地图数据，本节介绍一种可以直接在 QGIS 环境中直接发布 OpenLayers 地图的方法，这种方法速度快，而且所有的样式和渲染的配置在 QGIS 中完成，不再需要通过 uDig 来保存样式。此外，通过此例可以让读者体会到开源 GIS 软件的魅力。

8.5.1　安装 qgis2web 插件

在 QGIS 中提供了丰富的插件，这些插件包括地理信息处理的方方面面，它们是对 QGIS 自身功能的扩展，为各行各业使用 GIS 技术的人提供了很多便利。首先单击菜单栏中的“插件”按钮，选择“管理并安装插件”，如图 8-13 所示。在管理并安装插件对话框中可以查看本地 QGIS 环境中插件的状态，如已安装、未安装和可升级等。在该对话框右侧可以查看选择待安装的插件的相关简介。在搜索中输入“qgis2web”，选择相应的插件单击“安装插件”即可。qgis2web 的内涵是从 QGIS to Web 的工具，用户可以通过此工具实现将 QGIS 的地图快速发布至网络。

如果菜单栏的网络标签出现 qgis2web，则说明该插件安装成功。下面需要在 QGIS 中设置待发布地图的样式，如图 8-14 所示。对于待发布的网络地图，有几点注意事项如下所示：

(1) 图层透明度的设置。由于本例有三个矢量图层和一个网络地图叠加显示，因此

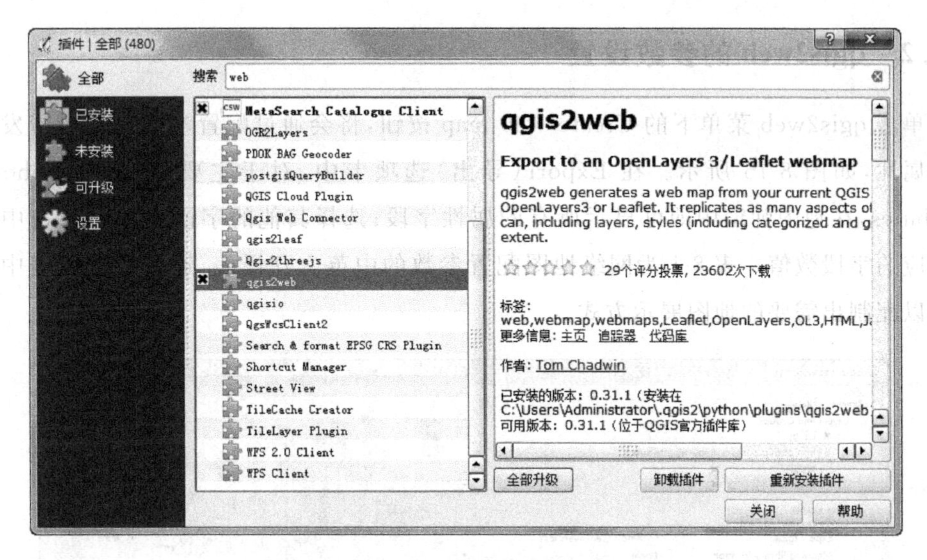

图 8-13　QGIS 插件安装界面

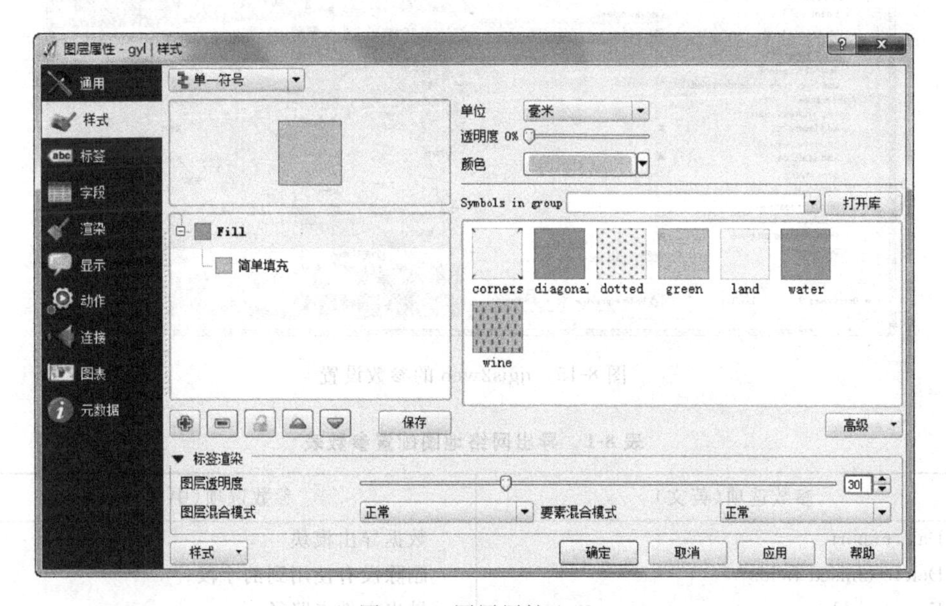

图 8-14　图层属性配置

有必要调整三个矢量图层的透明度，根据经验一般调整为 30%可以使显示最优。

(2) 图层名称目前暂时还不支持中文，所以要将图层的名称改为英文，否则在运行接下来的 qgis2web 将会报错。

(3) 为了用户体验，地图标签可以设置为依赖于地图比例尺来显示标签。在 QGIS 中需要设置最大比例尺和最小比例尺，表示标签可见的比例尺范围。当地图在该区间的比例尺显示时，则会显示标签。

8.5.2 qgis2web 的参数设置

单击 qgis2web 菜单下的 Create web map 按钮，将会通过配置参数来设置待发布地图的属性，如图 8-15 所示。在 Export（导出）选项卡中，对于主要图层选择 Show all attributes，在地图弹窗中即可显示所有的属性字段；选择其他的字段名即在弹窗中显示相对应的字段数值。表 8-1 为网络地图配置参数的中英文互译表，通过设置该表中的参数可以配制出需要的地图展示方式。

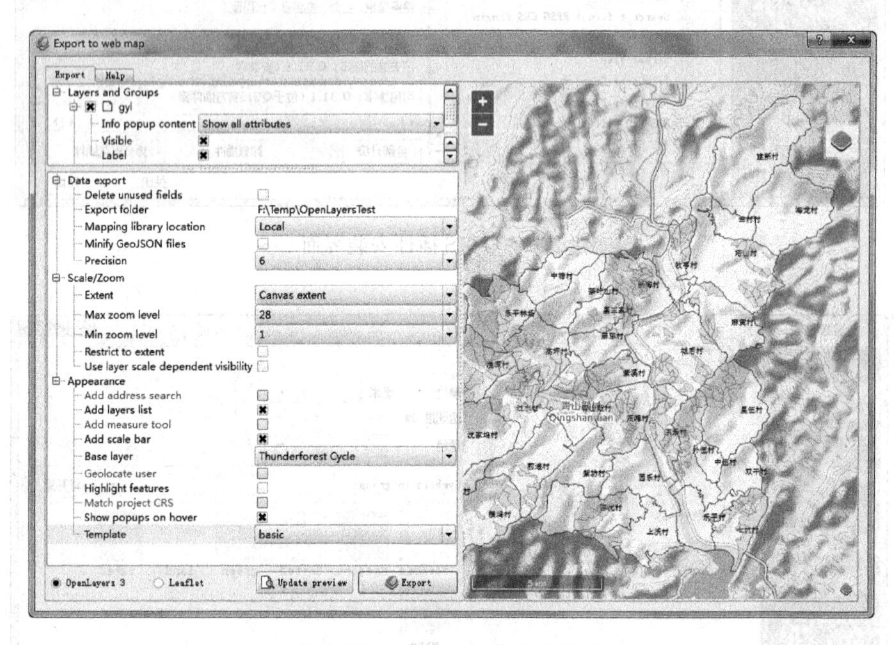

图 8-15　qgis2web 的参数设置

表 8-1　导出网络地图配置参数表

参数选项(英文)	参数选项(中文)
Data export	数据导出模块
Delete unused fields	删除没有使用到的字段
Export folder	导出文件夹路径
Mapping library location	制图类库地址
Minify GeoJSON files	压缩 GeoJSON 文件
Precision	精度
Scale/Zoom	尺度/图像大小模块
Extent	地图范围
Max zoom level	最大层级
Min zoom level	最小层级
Restrict to extent	限制地图范围
Use layer scale dependent visibility	使用图层中的比例尺且依赖于可见性设置

续表

参数选项(英文)	参数选项(中文)
Appearance	外观模块
Add address search	添加地址搜索
Add layers list	添加图层列表
Add measure tool	添加量测工具
Add scale bar	添加比例尺
Base layer	底图
Geolocate user	地理定位用户
Highlight feature	高亮显示属性要素
Match project CRS	匹配 CRS
Show popups on hover	显示弹框
Template	模板

当地图配置完毕并在右侧的地图预览框中检查无误，即可单击 Export 按钮导出地图的 html 文件，文件存放的地址为表中设置的 Export folder，同时可以在浏览器中查看效果，如图 8-16 所示。

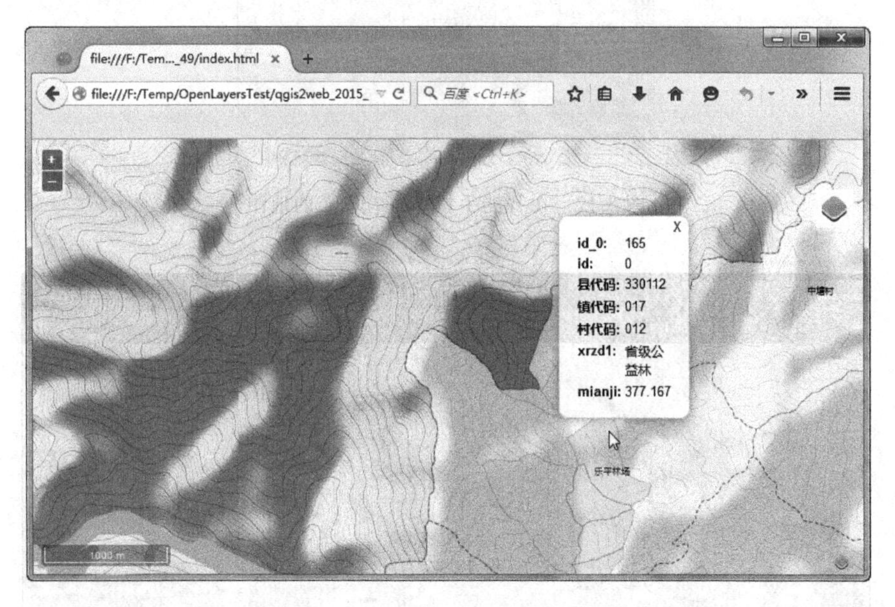

图 8-16 在浏览器中展示地图效果

8.5.3 Apache Server 发布地图并在不同移动终端查看

将 Apache Server 安装成功后，将 qgis2web 导出的 html 文件复制到 Apache 安装目录下的 htdocs 文件夹中，笔者的目录为 C:\Program Files\Apache Software Foundation\Apache2.2\htdocs。地图代码文件包括了 layers、resources 和 style 三个文件夹以及一个 index.html 文件。在移动终端输入局域网下服务器的 IP 地址即可浏览地图，效果如

图 8-17 和图 8-18 所示。

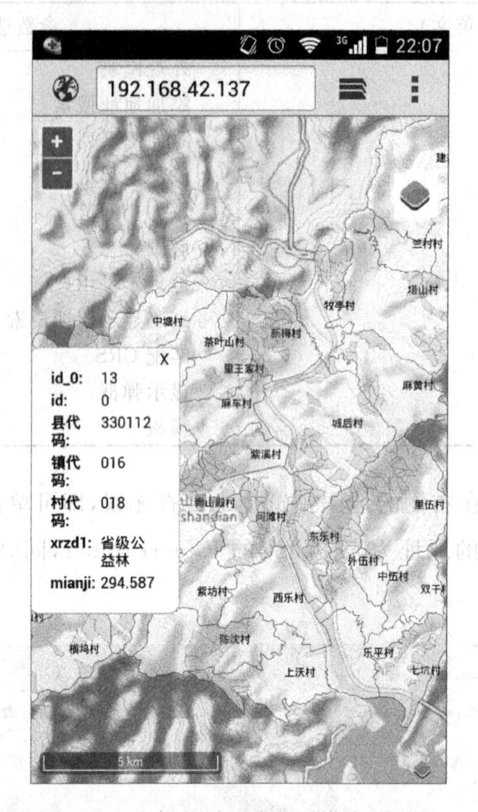

图 8-17　在智能手机中查看发布的地图

图 8-18　在平板电脑中查看发布的地图

附录A 两大标准几何对象对比表

序号	SFASQL	SQL/MM	序号	SFASQL	SQL/MM
1	Geometry	ST_Geometry	14	TIN	ST_TIN
2	Point	ST_Point	15	GeometryCollection	ST_GeomCollection
3	Curve	ST_Curve	16	MultiPoint	ST_MultiPoint
4	LineString	ST_LineString	17	MultiCurve	ST_MultiCurve
5	Line	—	18	MultiLineString	ST_MultiLineString
6	LinearRing	—	19	MultiSurface	ST_MultiSurface
7	—	ST_CircularString	20	MultiPolygon	ST_MultiPolygon
8	—	ST_CompoundCurve	21	—	ST_Angle
9	Surface	ST_Surface	22	—	ST_Direction
10	—	ST_CurvePolygon	23	—	Topology-Geometry
11	Polygon	ST_Polygon	24	—	Topology-Network
12	PolyhedralSurface	ST_PolyhedralSurface	25	Annotation Text	—
13	Triangle	ST_Triangle			

附录B　Geometry与ST_Geometry定义的空间操作对比表

SFASQL Geometry	SQL/MM ST_Geometry	功 能 概 述
Dimension()：Integer	ST_Dimension()：SMALLINT	返回几何对象的维数，小于或等于坐标维数
	ST_CoordDim()：SMALLINT	
GeometryType()：String	ST_GeometryType()：String	返回几何对象的类型，如'Point'、'ST_Point'
SRID()：Integer	ST_SRID()：Integer	返回几何对象所属的空间参考系ID
	ST_SRID(anSRid)：ST_Geometry	
	ST_Transform(anSRid)：ST_Geometry	返回转换到指定空间参考的几何对象
Envelope ( )：Geometry	ST_Envelope()：ST_Polygon	返回几何对象的最小外包矩形
IsEmpty ()：Integer	ST_IsEmpty()：Integer	如果几何对象为空集，则返回1
IsSimple ()：Integer	ST_IsSimple()：Integer	如果几何对象是简单的(不自交)，则返回1
	ST_IsValid()：Integer	Test if an ST_Geometry value is well formed.
Is3D()：Integer	ST_Is3D()：Integer	如果几何对象含有Z值，则返回1
IsMeasured( )：Integer	ST_IsMeasured()：Integer	如果几何对象含有M值，则返回1
Boundary()：Geometry	ST_Boundary()：ST_Geometry	返回几何对象的边界
Equals(aGeom)：Integer	ST_Equals(aGeom)：Integer	如果两个几何对象的内部和边界在空间上都相等，则返回1
Disjoint(aGeom)：Integer	ST_Disjoint(aGeom)：Integer	如果两个几何对象的内部和边界在空间上都不相交，则返回1
Intersects(aGeom)：Integer	ST_Intersects(aGeom)：Integer	如果两个几何对象在空间上相交，则返回1
Touches(aGeom)：Integer	ST_Touches(aGeom)：Integer	如果两个几何对象边界相交但内部不相交，则返回1
Crosses(aGeom)：Integer	ST_Crosses(aGeom)：Integer	如果一条线和面的内部相交，则返回1
Within(aGeom)：Integer	ST_Within (aGeom)：Integer	如果这个几何对象空间上位于另一个几何对象内部，则返回1
Contains(aGeom)：Integer	ST_Contains(aGeom)：Integer	如果这个几何对象空间上包含另一个几何对象，则返回1
Overlaps(aGeom)：Integer	ST_Overlaps(aGeom)：Integer	如果几何对象内部有非空交集，则返回1

续表

SFASQL Geometry	SQL/MM ST_Geometry	功能概述
Relate(aGeom, DE-9IMMatrix:String): Integer	ST_Relate(aGeom,DE-9IMMatrix:String): Integer	如果该几何对象与另一个几何对象的DE-9IM与DE-9IMMatrix相匹配,则返回1
LocateAlong (mValue): Geometry	ST_LocateAlong(mValue): ST_Geometry	返回与给定的M值相匹配的几何集
LocateBetween(mStart, mEnd): Geometry	ST_LocateBetween(mStart, mEnd): ST_Geometry	返回与给定的M值范围相匹配的几何集
Distance (aGeom):Double	ST_ Distance (aGeom), Double aunit)	返回两个几何对象间的最短距离
Buffer(adistance): Geometry	ST_Buffer(adistance): ST_Geometry	根据指定距离创建缓冲区多边形
—	ST_ Buffer (adistance, aunit): ST_Geometry	根据指定距离及单位创建缓冲区多边形
ConvexHull(): Geometry	ST_ConvexHull(): ST_Geometry	返回几何对象的最小凸多边形
Intersection (aGeom): Geometry	ST_Intersection(aGeom): ST_Geometry	返回由两个几何对象的交集构成的几何对象
Union(aGeom): Geometry	ST_ Union (aGeom): ST_Geometry	返回由两个几何对象的并集构成的几何对象
Difference(aGeom):Geometry	ST_ Difference (aGeom): ST_Geometry	返回这个几何对象与另一个几何对象不相交的部分
SymDifference (aGeom): Geometry	ST_SymDifference(aGeom): ST_Geometry	返回两个几何对象与对方互不相交的部分
AsText(): String	ST_AsText(): String	将几何对象以WKT格式输出
AsBinary(): Binary	ST_AsBinary()	将几何对象以WKB格式输出
	ST_AsGML()	将几何对象以GML格式输出
	ST_ToPoint(): ST_Point	将几何对象转换为ST_Point
	ST_ToLineString(): ST_LineString	将几何对象转换为ST_ LineString
	ST_ToCircular(): ST_CircularString	将几何对象转换为ST_CircularString
	ST_ToCompound(): ST_CompoundCurve	将几何对象转换为ST_CompoundCurve
	ST_ToCurvePoly(): ST_CurvePolygon	将几何对象转换为ST_CurvePolygon
	ST_ToPolygon(): ST_Polygon	将几何对象转换为ST_ Polygon
	ST_ToGeomColl(): ST_GeomCollection	将几何对象转换为ST_GeomCollection
	ST_ToMultiPoint(): ST_MultiPoint	将几何对象转换为ST_MultiPoint

续表

SFASQL Geometry	SQL/MM ST_Geometry	功能概述
	ST_ToMultiCurve():ST_MultiCurve	将几何对象转换为 ST_MultiCurve
	ST_ToMultiLine():ST_MultiLineString	将几何对象转换为 ST_MultiLineString
	ST_ToMultiSurface():ST_MultiSurface	将几何对象转换为 ST_MultiSurface
	ST_ToMultiPolygon():ST_MultiPolygon	将几何对象转换为 ST_ MultiPolygon
	ST_WKTToSQL(awkt):ST_Geometry	将 WKT 表达的几何对象转换为相应的 ST_Geometry 类型
	ST_WKBToSQL(awkb):ST_Geometry	将 WKB 表达的几何对象转换为相应的 ST_Geometry 类型
	ST_GMLToSQL(agml):ST_Geometry	将 GML 表达的几何元素（如 LineString）转换为相应的 ST_Geometry 类型(如 ST_LineString)
	ST_GeomFromText(awkt):ST_Geometry	根据 WKT 表达创建几何对象
	ST_GeomFromText(awkt,ansrid):ST_Geometry	
	ST_GeomFromWKB(awkb):ST_Geometry	根据 WKB 表达创建几何对象
	ST_GeomFromWKB(awkt, ansrid):ST_Geometry	
	ST_GeomFromGML(agml):ST_Geometry	根据 GML 表达创建几何对象
	ST_GeomFromGML(agml,ansrid):ST_Geometry	

附录C 函数汇总表

1. 栅格的构造函数

名 称	返回值类型	用 法	描 述
ST_AddBand	raster	ST_AddBand(raster rast, addbandarg[] addbandargset); ST_AddBand(raster rast, integer index, text pixeltype, double precision initialvalue=0, double precision nodataval=NULL); ST_AddBand(raster rast, text pixeltype, double precision initialvalue=0, double precision nodataval=NULL); ST_AddBand(raster torast, raster fromrast, integer fromband=1, integer torastindex=at_end); ST_AddBand(raster torast, raster[] fromrasts, integer fromband=1, integer torastindex=at_end); ST_AddBand(raster rast, integer index, text outdbfile, integer[] outdbindex, double precision nodataval=NULL); ST_AddBand(raster rast, text outdbfile, integer[] outdbindex, integer index=at_end, double precision nodataval=NULL);	向指定栅格的指定波段位置添加波段。如果未指定位置,波段将被添加到最后
ST_AsRaster	raster	ST_AsRaster(geometry geom, raster ref, text pixeltype, double precision value=1, double precision nodataval=0, boolean touched=false); ST_AsRaster(geometry geom, raster ref, text[] pixeltype=ARRAY['8BUI'], double precision[] value=ARRAY[1], double precision[] nodataval=ARRAY[0], boolean touched=false); ST_AsRaster(geometry geom, double precision scalex, double precision scaley, double precision gridx, double precision gridy, text pixeltype, double precision value=1, double precision nodataval=0, double precision skewx=0, double precision skewy=0, boolean touched=false); ST_AsRaster(geometry geom, double precision scalex, double precision scaley, double	将 Geomery 转换为栅格数据

续表

名　称	返回值类型	用　法	描　述
ST_AsRaster	raster	precision gridx=NULL, double precision gridy=NULL, text[] pixeltype=ARRAY['8BUI'], double precision[] value=ARRAY[1], double precision[] nodataval=ARRAY[0], double precision skewx=0, double precision skewy=0, boolean touched=false); ST_AsRaster(geometry geom, double precision scalex, double precision scaley, text pixeltype, double precision value=1, double precision nodataval=0, double precision upperleftx=NULL, double precision upperlefty=NULL, double precision skewx=0, double precision skewy=0, boolean touched=false); ST_AsRaster(geometry geom, double precision scalex, double precision scaley, text[] pixeltype, double precision[] value=ARRAY[1], double precision[] nodataval=ARRAY[0], double precision upperleftx=NULL, double precision upperlefty=NULL, double precision skewx=0, double precision skewy=0, boolean touched=false); ST_AsRaster(geometry geom, integer width, integer height, double precision gridx, double precision gridy, text pixeltype, double precision value=1, double precision nodataval=0, double precision skewx=0, double precision skewy=0, boolean touched=false); ST_AsRaster(geometry geom, integer width, integer height, double precision gridx=NULL, double precision gridy=NULL, text[] pixeltype=ARRAY['8BUI'], double precision[] value=ARRAY[1], double precision[] nodataval=ARRAY[0], double precision skewx=0, double precision skewy=0, boolean touched=false); ST_AsRaster(geometry geom, integer width, integer height, text pixeltype, double precision value=1, double precision nodataval=0, double precision upperleftx=NULL, double precision upperlefty=NULL, double precision skewx=0, double precision skewy=0, boolean touched=false); ST_AsRaster(geometry geom, integer width, integer height, text[] pixeltype, double precision[] value=ARRAY[1], double precision[] nodataval=ARRAY[0], double precision upperleftx=NULL, double precision upperlefty=NULL, double precision skewx=0, double precision skewy=0, boolean touched=false);	将 Geomery 转换为栅格数据
ST_Band	raster	ST_Band(raster rast, integer[] nbands = ARRAY[1]); ST_Band(raster rast, text nbands, character delimiter=,); ST_Band(raster rast, integer nband);	将现有栅格的一个或多个波段的信息提取出来，返回一个新的波段

续表

名　称	返回值类型	用　　法	描　述
ST_MakeEmptyRaster	raster	ST_MakeEmptyRaster(raster rast); ST_MakeEmptyRaster(integer width, integer height, float8 upperleftx, float8 upperlefty, float8 scalex, float8 scaley, float8 skewx, float8 skewy, integer srid=unknown); ST_MakeEmptyRaster(integer width, integer height, float8 upperleftx, float8 upperlefty, float8 pixelsize);	返回一个空的无波段栅格
ST_Tile	setof raster	ST_Tile(raster rast, int[] nband, integer width, integer height, boolean padwith nodata=FALSE, double precision nodataval=NULL); ST_Tile(raster rast, integer nband, integer width, integer height, boolean padwith nodata=FALSE, double precision nodataval=NULL); ST_Tile(raster rast, integer width, integer height, boolean padwith nodata=FALSE, double precision nodataval=NULL);	对现有栅格进行瓦片分割,返回新的栅格集合
ST_FromGDALRaster	raster	ST_FromGDALRaster(bytea gdaldata, integer srid=NULL);	将 GDAL 格式的栅格数据转换为 Raster 数据

2. 栅格访问器

名　　称	返回值类型	用　　法	描　　述
ST_GeoReference	text	ST_GeoReference(raster rast, text format=GDAL);	以 GDAL 或 ESRI 格式返回地理投影信息
ST_Height	integer	ST_Height(raster rast);	返回栅格高度(像元)
ST_IsEmpty	boolean	ST_IsEmpty(raster rast);	返回栅格是否为空
ST_MetaData	record	ST_MetaData(raster rast);	返回栅格的基本元数据,如像素大小、左上角坐标等
ST_NumBands	integer	ST_NumBands(raster rast);	返回栅格数据的波段数

续表

名称	返回值类型	用法	描述
ST_PixelHeight	double precision	ST_PixelHeight(raster rast);	返回在空间参考系统中,像元的高度
ST_PixelWidth	double precision	ST_PixelWidth(raster rast);	返回在空间参考系统中,像元的宽度
ST_ScaleX	float8	ST_ScaleX(raster rast);	返回在空间参考系统中,横向尺度
ST_ScaleY	float8	ST_ScaleY(raster rast);	返回在空间参考系统中,纵向尺度
ST_RasterToWorldCoord	record	ST_RasterToWorldCoord(raster rast, integer xcolumn, integer yrow);	返回栅格数据左上角对应的经纬度
ST_RasterToWorldCoordX	float8	ST_RasterToWorldCoordX(raster rast, integer xcolumn); ST_RasterToWorldCoordX(raster rast, integer xcolumn, integer yrow);	根据指定行列位置,返回对应的像元左上角经度
ST_RasterToWorldCoordY	float8	ST_RasterToWorldCoordY(raster rast, integer yrow); ST_RasterToWorldCoordY(raster rast, integer xcolumn, integer yrow);	根据指定行列位置,返回对应的像元左上角纬度
ST_Rotation	float8	ST_Rotation(raster rast);	返回的栅格旋转参数
ST_SkewX	float8	ST_SkewX(raster rast);	返回横向旋转量
ST_SkewY	float8	ST_SkewY(raster rast);	返回纵向旋转量
ST_SRID	integer	ST_SRID(raster rast);	返回栅格的空间参考标识符
ST_Summary	text	ST_Summary(raster rast);	返回栅格的简单描述文本
ST_UpperLeftX	float8	ST_UpperLeftX(raster rast);	返回栅格左上角像元的 X 坐标
ST_UpperLeftY	float8	ST_UpperLeftY(raster rast);	返回栅格左上角像元的 Y 坐标
ST_Width	integer	ST_Width(raster rast);	返回栅格的宽度,以像素为单位
ST_WorldToRasterCoord	record	ST_WorldToRasterCoord(raster rast, geometry pt); ST_WorldToRasterCoord(raster rast, double precision longitude, double precision latitude);	根据经纬度,返回对于的栅格像元位置

续表

名　　称	返回值类型	用　　法	描　　述
ST_WorldToRasterCoordX	integer	ST_WorldToRasterCoordX(raster rast, geometry pt); ST_WorldToRasterCoordX(raster rast, double precision xw); ST_WorldToRasterCoordX(raster rast, double precision xw, double precision yw);	根据经纬度,返回对应的栅格像元的X坐标
ST_WorldToRasterCoordY	integer	ST_WorldToRasterCoordY(raster rast, geometry pt); ST_WorldToRasterCoordY(raster rast, double precision xw); ST_WorldToRasterCoordY(raster rast, double precision xw, double precision yw);	根据经纬度,返回对应的栅格像元的Y坐标

3. 栅格波段访问器

名　　称	返回值类型	用　　法	描　　述
ST_BandMetaData	record	ST_BandMetaData(raster rast, integer bandnum=1);	返回指定波段的基本信息
ST_BandNoDataValue	double precision	ST_BandNoDataValue(raster rast, integer bandnum=1);	返回指定波段的 NoData 值
ST_BandIsNoData	boolean	ST_BandIsNoData(raster rast, integer band, boolean forceChecking=true); ST_BandIsNoData(raster rast, boolean forceChecking=true);	返回该波段是否只有 NoData 值
ST_BandPath	text	ST_BandPath(raster rast, integer bandnum=1);	返回存储在文件系统中的波段的路径
ST_BandPixelType	text	ST_BandPixelType(raster rast, integer bandnum=1);	返回指定波段的像元值类型
ST_HasNoBand	boolean	ST_HasNoBand(raster rast, integer bandnum=1);	返回是否存在指定的波段

4. 栅格像素的访问器

名　称	返回值类型	用　法	描　述
ST_PixelAsPolygon	geometry	ST_PixelAsPolygon(raster rast, integer columnx, integer rowy);	将栅格中指定行列的像元，转换为 Polygon
ST_PixelAsPolygons	setof record	ST_PixelAsPolygons(raster rast, integer band=1, boolean exclude_nodata_value=TRUE);	将栅格中指定的像元集合，转换为 Polygon 集合
ST_PixelAsPoint	geometry	ST_PixelAsPoint(raster rast, integer columnx, integer rowy);	将栅格中指定像元的左上角，转换为 Point
ST_PixelAsPoints	geometry	ST_PixelAsPoints(raster rast, integer band=1, boolean exclude_nodata_value=TRUE);	将栅格中指定波段所有像元的左上角，转换为 Point 集合
ST_PixelAsCentroid	geometry	ST_PixelAsCentroid(raster rast, integer columnx, integer rowy);	将栅格中指定像元的中心点，转换为 Point
ST_PixelAsCentroids	geometry	ST_PixelAsCentroids(raster rast, integer band=1, boolean exclude_nodata_value=TRUE);	将栅格中指定波段所有像元的中心点，转换为 Point 集合
ST_Value	double precision	ST_Value(raster rast, geometry pt, boolean exclude_nodata_value=true); ST_Value(raster rast, integer bandnum, geometry pt, boolean exclude_nodata_value=true); ST_Value(raster rast, integer columnx, integer rowy, boolean exclude_nodata_value=true); ST_Value(raster rast, integer bandnum, integer columnx, integer rowy, boolean exclude_nodata_value=true);	返回栅格中指定波段中的指定栅格的值
ST_NearestValue	double precision	ST_NearestValue(raster rast, integer bandnum, geometry pt, boolean exclude_nodata_value=true); ST_NearestValue(raster rast, geometry pt, boolean exclude_nodata_value=true); ST_NearestValue(raster rast, integer bandnum, integer columnx, integer rowy, boolean exclude_nodata_value=true); ST_NearestValue(raster rast, integer columnx, integer rowy, boolean exclude_nodata_value=true);	返回指定像元周围最近的非空值

续表

名　称	返回值类型	用　法	描　述
ST_Neighborhood	double precision[][]	ST_Neighborhood(raster rast, integer bandnum, integer columnX, integer rowY, integer distanceX, integer distanceY, boolean exclude_nodata_value=true); ST_Neighborhood(raster rast, integer columnX, integer rowY, integer distanceX, integer distanceY, boolean exclude_nodata_value=true); ST_Neighborhood(raster rast, integer bandnum, geometry pt, integer distanceX, integer distanceY, boolean exclude_nodata_value=true); ST_Neighborhood(raster rast, geometry pt, integer distanceX, integer distanceY, boolean exclude_nodata_value=true);	返回指定像元所在的像元矩阵
ST_SetValue	raster	ST_SetValue(raster rast, integer bandnum, geometry geom, double precision newvalue); ST_SetValue(raster rast, geometry geom, double precision newvalue); ST_SetValue(raster rast, integer bandnum, integer columnx, integer rowy, double precision newvalue); ST_SetValue(raster rast, integer columnx, integer rowy, double precision newvalue);	对指定行列的像元进行赋值
ST_SetValues	raster	ST_SetValues(raster rast, integer nband, integer columnx, integer rowy, double precision[][] newvalueset, boolean[][] noset = NULL, boolean keepnodata = FALSE); ST_SetValues(raster rast, integer nband, integer columnx, integer rowy, double precision[][] newvalueset, double precision nosetvalue, boolean keepnodata = FALSE); ST_SetValues(raster rast, integer nband, integer columnx, integer rowy, integer width, integer height, double precision newvalue, boolean keepnodata=FALSE); ST_SetValues(raster rast, integer columnx, integer rowy, integer width, integer height, double precision newvalue, boolean keepnodata=FALSE); ST_SetValues(raster rast, integer nband, geomval[] geomvalset, boolean keepnodata=FALSE);	对指定行列范围内的像元矩阵进行赋值

续表

名　称	返回值类型	用　法	描　述
ST_DumpValues	setof record	ST_DumpValues(raster rast, integer[] nband, boolean exclude_nodata_value=true); ST_DumpValues(raster rast, integer nband, boolean exclude_nodata_value=true);	对指定行列范围内的像元矩阵进行清空
ST_PixelOfValue	setof record	ST_PixelOfValue(raster rast, integer nband, double precision[] search, boolean exclude_nodata_value=true); ST_PixelOfValue(raster rast, double precision[] search, boolean exclude_nodata_value=true); ST_PixelOfValue(raster rast, integer nband, double precision search, boolean exclude_nodata_value=true); ST_PixelOfValue(raster rast, double precision search, boolean exclude_nodata_value=true);	在栅格中搜索目标值，返回结果像元的位置

5. 栅格编辑

名　称	返回值类型	用　法	描　述
ST_SetGeoReference	raster	ST_SetGeoReference(raster rast, text georefcoords, text format=GDAL); ST_SetGeoReference(raster rast, double precision upperleftx, double precision upperlefty, double precision scalex, double precision scaley, double precision skewx, double precision skewy);	为栅格数据定义地理投影信息
ST_SetRotation	float8	ST_SetRotation(raster rast, float8 rotation);	设置栅格的旋转参数
ST_SetScale	raster	ST_SetScale(raster rast, float8 xy); ST_SetScale(raster rast, float8 x, float8 y);	设置栅格的横向与纵向尺度
ST_SetSkew	raster	ST_SetSkew(raster rast, float8 skewxy); ST_SetSkew(raster rast, float8 skewx, float8 skewy);	设置栅格的横向与纵向旋转量
ST_SetSRID	raster	ST_SetSRID(raster rast, integer srid);	为栅格定义空间参考标识符

续表

名　　称	返回值类型	用　　法	描　　述
ST_SetUpperLeft	raster	ST_SetUpperLeft(raster rast, double precision x, double precision y);	为栅格定义左上角坐标
ST_Resample	raster	ST_Resample(raster rast, integer width, integer height, double precision gridx= NULL, double precision gridy = NULL, double precision skewx = 0, double precision skewy=0, text algorithm= NearestNeighbour, double precision maxerr=0.125); ST_Resample(raster rast, double precision scalex=0, double precision scaley=0, double precision gridx=NULL, double precision gridy=NULL, double precision skewx=0, double precision skewy=0, text algorithm=NearestNeighbor, double precision maxerr=0.125); ST_Resample(raster rast, raster ref, text algorithm = NearestNeighbour, double precision maxerr=0.125, boolean usescale=true); ST_Resample(raster rast, raster ref, boolean usescale, text algorithm=NearestNeighbour, double precision maxerr=0.125);	对栅格数据进行重采样处理
ST_Rescale	raster	ST_Rescale(raster rast, double precision scalexy, text algorithm = NearestNeighbour, double precision maxerr=0.125); ST_Rescale(raster rast, double precision scalex, double precision scaley, text algorithm=NearestNeighbour, double precision maxerr=0.125);	修改栅格的横向与纵向尺度
ST_Reskew	raster	ST_Reskew(raster rast, double precision skewxy, text algorithm = NearestNeighbour, double precision maxerr=0.125); ST_Reskew(raster rast, double precision skewx, double precision skewy, text algorithm= NearestNeighbour, double precision maxerr=0.125);	修改栅格的横向与纵向旋转量
ST_Resize	raster	ST_Resize(raster rast, integer width, integer height, text algorithm=NearestNeighbor, double precision maxerr=0.125); ST_Resize(raster rast, double precision percentwidth, double precision percentheight, text algorithm=NearestNeighbor, double precision maxerr=0.125); ST_Resize(raster rast, text width, text height, text algorithm = NearestNeighbor, double precision maxerr=0.125);	重新调整栅格大小

续表

名称	返回值类型	用法	描述
ST_Transform	raster	ST_Transform(raster rast, integer srid, text algorithm=NearestNeighbor, double precision maxerr=0.125, double precision scalex, double precision scaley); ST_Transform(raster rast, integer srid, double precision scalex, double precision scaley, text algorithm=NearestNeighbor, double precision maxerr=0.125); ST_Transform(raster rast, raster alignto, text algorithm=NearestNeighbor, double precision maxerr=0.125);	对现有栅格重新定义投影

6. 栅格波段编辑

名称	返回值类型	用法	描述
ST_SetBandNoDataValue	raster	ST_SetBandNoDataValue(raster rast, double precision nodatavalue); ST_SetBandNoDataValue(raster rast, integer band, double precision nodatavalue, boolean forcechecking=false);	定义栅格中的 NoData 值
ST_SetBandIsNoData	raster	ST_SetBandIsNoData(raster rast, integer band=1);	设置波段为空波段

7. 栅格波段统计和分析

名称	返回值类型	用法	描述
ST_Count	bigint	ST_Count(raster rast, integer nband=1, boolean exclude_nodata_value=true); ST_Count(raster rast, boolean exclude_nodata_value); ST_Count(text rastertable, text rastercolumn, integer nband=1, boolean exclude_nodata_value=true); ST_Count(text rastertable, text rastercolumn, boolean exclude_nodata_value);	返回指定栅格的指定范围内的像元个数
ST_Histogram	SETOF record	ST_Histogram(raster rast, integer nband=1, boolean exclude_nodata_value=true, integer bins=autocomputed, double precision[] width=NULL, boolean right=false);	返回一组指定栅格数据的像元值分布情况的数据记录

续表

名称	返回值类型	用法	描述
ST_Histogram	SETOF record	ST_Histogram(raster rast, integer nband, integer bins, double precision[] width=NULL, boolean right=false); ST_Histogram(raster rast, integer nband, boolean exclude_nodata_value, integer bins, boolean right); ST_Histogram(raster rast, integer nband, integer bins, boolean right); ST_Histogram(text rastertable, text rastercolumn, integer nband, integer bins, boolean right); ST_Histogram(text rastertable, text rastercolumn, integer nband, boolean exclude_nodata_value, integer bins, boolean right); ST_Histogram(text rastertable, text rastercolumn, integer nband=1, boolean exclude_nodata_value=true, integer bins=autocomputed, double precision[] width=NULL, boolean right=false); ST_Histogram(text rastertable, text rastercolumn, integer nband=1, integer bins, double precision[] width=NULL, boolean right=false);	返回一组指定栅格数据的像元值分布情况的数据记录
ST_Quantile	SETOF record/double precision	ST_Quantile(raster rast, integer nband=1, boolean exclude_nodata_value=true, double precision[] quantiles=NULL); ST_Quantile(raster rast, double precision[] quantiles); ST_Quantile(raster rast, integer nband, double precision[] quantiles); ST_Quantile(raster rast, double precision quantile); ST_Quantile(raster rast, boolean exclude_nodata_value, double precision quantile=NULL); ST_Quantile(raster rast, integer nband, double precision quantile); ST_Quantile(raster rast, integer nband, boolean exclude_nodata_value, double precision quantile); ST_Quantile(raster rast, integer nband, double precision quantile); ST_Quantile(text rastertable, text rastercolumn, integer nband=1, boolean exclude_nodata_value=true, double precision[] quantiles=NULL); ST_Quantile(text rastertable, text rastercolumn, integer nband, double precision[] quantiles);	计算栅格像元值分位数

续表

名　称	返回值类型	用　法	描　述
ST_SummaryStats	record	ST_SummaryStats(text rastertable, text rastercolumn, boolean exclude_nodata_value); ST_SummaryStats(raster rast, boolean exclude_nodata_value); ST_SummaryStats(text rastertable, text rastercolumn, integer nband=1, boolean exclude_nodata_value=true); ST_SummaryStats(raster rast, integer nband, boolean exclude_nodata_value);	返回一组栅格的平均值、标准偏差等统计量记录
ST_ValueCount	SETOF record/bigint	ST_ValueCount(raster rast, integer nband=1, boolean exclude_nodata_value=true, double precision[] searchvalues=NULL, double precision roundto=0, double precision OUT value, integer OUT count); ST_ValueCount(raster rast, integer nband, double precision[] searchvalues, double precision roundto=0, double precision OUT value, integer OUT count); ST_ValueCount(raster rast, double precision[] searchvalues, double precision roundto=0, double precision OUT value, integer OUT count); ST_ValueCount(raster rast, double precision searchvalue, double precision roundto=0); ST_ValueCount(raster rast, integer nband, boolean exclude_nodata_value, double precision searchvalue, double precision roundto=0); ST_ValueCount(raster rast, integer nband, double precision searchvalue, double precision roundto=0); ST_ValueCount(text rastertable, text rastercolumn, integer nband=1, boolean exclude_nodata_value=true, double precision[] searchvalues=NULL, double precision roundto=0, double precision OUT value, integer OUT count); ST_ValueCount(text rastertable, text rastercolumn, double precision[] searchvalues, double precision roundto=0, double precision OUT value, integer OUT count); ST_ValueCount(text rastertable, text rastercolumn, integer nband, double precision[] searchvalues, double precision roundto = 0, double precision OUT value, integer OUT count); ST_ValueCount(text rastertable, text rastercolumn, integer nband, boolean exclude_nodata_value, double precision searchvalue, double precision roundto=0); ST_ValueCount(text rastertable, text rastercolumn, double precision searchvalue, double precision roundto=0); ST_ValueCount(text rastertable, text rastercolumn, integer nband, double precision searchvalue, double precision roundto=0);	在栅格内查找对应值的栅格数,返回记录

8. 栅格输出

名　称	返回值类型	用　法	描　述
ST_AsBinary	bytea	ST_AsBinary(raster rast, boolean outasin=FALSE)；	将栅格数据转换为无 SRID 的二进制格式(WKB)
ST_AsGDALRaster	bytea	ST_AsGDALRaster(raster rast, text format, text[] options=NULL, integer srid=sameassource)；	将栅格数据转换为 GDAL 支持的栅格格式
ST_AsJPEG	bytea	ST_AsJPEG(raster rast, text[] options=NULL)； ST_AsJPEG(raster rast, integer nband, integer quality)； ST_AsJPEG(raster rast, integer nband, text[] options=NULL)； ST_AsJPEG(raster rast, integer[] nbands, text[] options=NULL)； ST_AsJPEG(raster rast, integer[] nbands, integer quality)；	将栅格数据转换为 JPEG 格式
ST_AsPNG	bytea	ST_AsPNG(raster rast, text[] options=NULL)； ST_AsPNG(raster rast, integer nband, integer compression)； ST_AsPNG(raster rast, integer nband, text[] options=NULL)； ST_AsPNG(raster rast, integer[] nbands, integer compression)； ST_AsPNG(raster rast, integer[] nbands, text[] options=NULL)；	将栅格数据转换为 PNG 格式
ST_AsTIFF	bytea	ST_AsTIFF(raster rast, text[] options='', integer srid=sameassource)； ST_AsTIFF(raster rast, text compression='', integer srid=sameassource)； ST_AsTIFF(raster rast, integer[] nbands, text compression='', integer srid=sameassource)； ST_AsTIFF(raster rast, integer[] nbands, text[] options, integer srid=sameassource)；	将栅格数据转换为 TIFF 格式

9. 地图代数

名　称	返回值类型	用　法	描　述
ST_Clip	raster	ST_Clip(raster rast, integer[] nband, geometry geom, double precision[] nodataval=NULL, boolean crop=TRUE)； ST_Clip(raster rast, integer nband, geometry geom, double precision nodataval, boolean crop=TRUE)；	返回由输入进行剪裁后的栅格

续表

名　称	返回值类型	用　法	描　述
ST_Clip	raster	ST_Clip(raster rast, integer nband, geometry geom, boolean crop); ST_Clip(raster rast, geometry geom, double precision[] nodataval=NULL, boolean crop=TRUE); ST_Clip(raster rast, geometry geom, double precision nodataval, boolean crop=TRUE); ST_Clip(raster rast, geometry geom, boolean crop);	返回由输入进行剪裁后的栅格
ST_ColorMap	raster	ST_ColorMap(raster rast, integer nband=1, text colormap=grayscale, text method=INTERPOLATE); ST_ColorMap(raster rast, text colormap, text method=INTERPOLATE);	从源栅格和指定的波段最多创建四个 8BUI 波段（灰度、RGB, RGBA）新栅格。如果没有指定，则波段为 1
ST_Intersection	setof geomval/raster	ST_Intersection(geometry geom, raster rast, integer band_num=1); ST_Intersection(raster rast, geometry geom); ST_Intersection(raster rast, integer band_num, geometry geom); ST_Intersection(raster rast1, raster rast2, double precision[] nodataval); ST_Intersection(raster rast1, raster rast2, text returnband='BOTH', double precision[] nodataval=NULL); ST_Intersection(raster rast1, integer band_num1, raster rast2, integer band_num2, double precision[] nodataval); ST_Intersection(raster rast1, integer band_num1, raster rast2, integer band_num2, text returnband='BOTH', double precision[] nodataval=NULL);	返回输入栅格相交部分的栅格
ST_Reclass	raster	ST_Reclass(raster rast, integer nband, text reclassexpr, text pixeltype, double precision nodataval=NULL); ST_Reclass(raster rast, reclassarg[] VARIADIC reclassargset); ST_Reclass(raster rast, text reclassexpr, text pixeltype);	重分类
ST_Union	raster	ST_Union(setof raster rast); ST_Union(setof raster rast, unionarg[] unionargset); ST_Union(setof raster rast, integer nband); ST_Union(setof raster rast, text uniontype); ST_Union(setof raster rast, integer nband, text uniontype);	返回合并之后的输入栅格

10. 数字高程图像处理

名　称	返回值类型	用　法	描　述
ST_Aspect	raster	ST_Aspect(raster rast, integer band = 1, text pixeltype = 32BF, text units = DEGREES,boolean interpolate_nodata=FALSE); ST_Aspect(raster rast, integer band, raster customextent, text pixeltype = 32BF, text units=DEGREES, boolean interpolate_nodata=FALSE);	返回输入栅格的坡向栅格
ST_HillShade	raster	ST_HillShade(raster rast, integer band=1, text pixeltype=32BF, double precision azimuth=315, double precision altitude=45, double precision max_bright=255, double precision scale=1.0, boolean interpolate_nodata=FALSE); ST_HillShade(raster rast, integer band, raster customextent, text pixeltype=32BF, double precision azimuth = 315, double precision altitude = 45, double precision max_bright=255, double precision scale=1.0, boolean interpolate_nodata=FALSE);	返回输入栅格的山体阴影栅格
ST_Roughness	raster	ST_Roughness(raster rast, integer nband, raster customextent, text pixeltype = "32BF", boolean interpolate_nodata=FALSE);	返回输入栅格的地形粗糙度
ST_Slope	raster	ST_Slope(raster rast, integer nband = 1, text pixeltype = 32BF, text units = DEGREES,double precision scale=1.0, boolean interpolate_nodata=FALSE); ST_Slope(raster rast, integer nband, raster customextent, text pixeltype = 32BF, text units = DEGREES, double precision scale = 1.0, boolean interpolate_nodata = FALSE);	返回输入栅格的坡度栅格
ST_TPI	raster	ST_TPI(raster rast, integer nband, raster customextent, text pixeltype="32BF", boolean interpolate_nodata=FALSE);	返回栅格地形位置指数
ST_TRI	raster	ST_TRI(raster rast, integer nband, raster customextent, text pixeltype="32BF", boolean interpolate_nodata=FALSE);	返回栅格地形起伏度指数

11. 几何栅格

名　称	返回值类型	用　法	描　述
Box3D	Box3d	Box3D(raster rast);	返回输入栅格的三维包封
ST_ConvexHull	geometry	ST_ConvexHull(raster rast);	返回输入栅格的凸包
ST_DumpAsPolygons	SETOF geomval	ST_DumpAsPolygons(raster rast, integer band_num=1, boolean exclude_nodata_value=TRUE);	返回像元集合对应的 geomval (geom,val) 数据集
ST_Envelope	geometry	ST_Envelope(raster rast);	返回输入栅格的二维包封
ST_MinConvexHull	geometry	ST_MinConvexHull(raster rast, integer nband=NULL);	返回输入栅格排除 NODATA 像元后的凸包
ST_Polygon	geometry	ST_Polygon(raster rast, integer band_num=1);	返回输入栅格指定波段的像元几何集合

12. 栅格、栅格波段的关系

名　称	返回值类型	用　法	描　述
ST_Contains	boolean	ST_Contains(raster rastA, integer nbandA, raster rastB, integer nbandB); ST_Contains(raster rastA, raster rastB);	如果栅格 rastA 包括栅格 rastB 中所有的点或者 rastB 中至少有一个点在 rastA 的内部,则返回 true
ST_ContainsProperly	boolean	ST_ContainsProperly(raster rastA, integer nbandA, raster rastB, integer nbandB); ST_ContainsProperly(raster rastA, raster rastB);	如果 rastB 与 rastA 相交但不相切,则返回 true
ST_Covers	boolean	ST_Covers(raster rastA, integer nbandA, raster rastB, integer nbandB); ST_Covers(raster rastA, raster rastB);	如果栅格 rastA 包含栅格 rastB,则返回 true
ST_CoveredBy	boolean	ST_CoveredBy(raster rastA, integer nbandA, raster rastB, integer nbandB); ST_CoveredBy(raster rastA, raster rastB);	如果栅格 rastB 包含栅格 rastA,则返回 true

续表

名称	返回值类型	用法	描述
ST_Disjoint	boolean	ST_Disjoint(raster rastA, integer nbandA, raster rastB, integer nbandB); ST_Disjoint(raster rastA, raster rastB);	如果栅格 rastA 与 rastB 在空间上不相交，则返回 true
ST_Intersects	boolean	ST_Intersects(raster rastA, integer nbandA, raster rastB, integer nbandB); ST_Intersects(raster rastA, raster rastB); ST_Intersects(raster rast, integer nband, geometry geommin); ST_Intersects(raster rast, geometry geommin, integer nband=NULL); ST_Intersects(geometry geommin, raster rast, integer nband=NULL);	如果栅格 rastA 与 rastB 在空间上相交，则返回 true
ST_Overlaps	boolean	ST_Overlaps(raster rastA, integer nbandA, raster rastB, integer nbandB); ST_Overlaps(raster rastA, raster rastB);	如果栅格 rastA 和 rastB 相交但其中一个不完全包含另一个，则返回 true
ST_Touches	boolean	ST_Touches(raster rastA, integer nbandA, raster rastB, integer nbandB); ST_Touches(raster rastA, raster rastB);	如果栅格 rastA 和 rastB 相互接触，则返回 true
ST_SameAlignment	boolean	ST_SameAlignment(raster rastA, raster rastB); ST_SameAlignment(double precision ulx1, double precision uly1, double precision scalex1, double precision scaley1, double precision skewx1, double precision skewy1, double precision ulx2, double precision uly2, double precision scalex2, double precision scaley2, double precision skewx2, double precision skewy2); ST_SameAlignment(raster set rastfield);	如果栅格有相同空间参考，完全对齐，则返回 true
ST_NotSameAlignmentReason	text	ST_NotSameAlignmentReason(raster rastA, raster rastB);	如果栅格是一致的，则返回文本说明；如果不一致，则给出原因

续表

名　　称	返回值类型	用　　法	描　　述
ST_Within	boolean	ST_Within(raster rastA, integer nbandA, raster rastB, integer nbandB); ST_Within(raster rastA, raster rastB);	如果栅格 rastB 包括栅格 rastA 中所有的点或者 rastA 中至少有一个点在 rastB 的内部,则返回 true
ST_DWithin	boolean	ST_DWithin(raster rastA, integer nbandA, raster rastB, integer nbandB, double precision distance_of_srid); ST_DWithin(raster rastA, raster rastB, double precision distance_of_srid);	如果栅格 rastA 和 rastB 在彼此的指定距离内,则返回 true
ST_DFullyWithin	boolean	ST_DFullyWithin(raster rastA, integer nbandA, raster rastB, integer nbandB, double precision distance_of_srid); ST_DFullyWithin(raster rastA, raster rastB, double precision distance_of_srid);	如果栅格 rastA 和 rastB 完全在彼此的指定距离内,则返回 true